**처음 해 보는
엄마**

처음 해 보는 엄마

아이를 알아 가는 그 기쁨과
버거움 사이에서

김구민

양철북

차례

두 줄　6

난생처음 나는 엄마로, 너는 자식으로　9
한 살에서 두 살

느려도 너처럼 크는구나　31
세 살

우리의 다정함을 한없이 끌어내 주는 사람　67
네 살

나만의 방, 모든 것이 충분한 하루　117
다섯 살

내가 모르는 너의 시간　157
여섯 살

일곱 살은 근사하다　189
일곱 살

네 몫이다, 김보민　219
여덟 살

바람과 햇살　232

두 줄

마취가 필요한 치료를 받으러 치과에 가는 길이었다.
기분이 이상했다. 이대로 가면 안 될 것 같았다.
임신 테스트기를 사서 지하철 화장실에서 확인해 보니,
두 줄이었다.

《두근두근 내 인생》소설에 보면 사람들이 아이를 낳는
까닭에 대해, "자기가 기억하지 못하는 생을 다시 살고
싶어서"라고 답하는 구절이 있다.

내가 기억하지 못하는, 다시 살게 될 새로운 인생이 내
옆에 나란히 서 있다.

너와 나, 이제 두 줄이다.

2012년 11월 18일, 보민이의 존재를 처음 알게 된 날의
기록이다. 그날 내가 발견했던, 손톱보다 더 짧은 작은 줄을
시작으로, 지금도 나는 날마다 보민이를 새로이 발견한다.
어제보다 깊어진 눈빛, 조금씩 사라져 가는 혀 짧은 소리,

철 따라 달라지는 냄새, 전보다 단단해진 살갗, 어제보다 많은 뜻을 담고 있는 아이의 말.

어제의 발견이 오늘의 발견에 묻혀 사라지는 게 아쉬워 '오늘의 보민'을 기록하기 시작했다. 쓰다 보니, 오늘은 또 어떤 새로운 걸 볼 수 있을까 기대가 되었다. 그래서 더 눈여겨보고, 더 귀 기울여 듣고, 더 아이를 꼭 안아 보았다. 날마다 만나는 이 아이를 온몸으로 기억하고 싶었다.

하지만 지금, 여기의 아이를 지켜보는 일이 늘 행복하고 즐겁지만은 않았다. 보민이가 아니라, 내가 '보민'이 앞에 붙여 놓은 수식어들이 나를 힘들게 했다. '건강한 보민이', '활발한 보민이', '행복한 보민이', '씩씩한 보민이'처럼 있는 그대로의 보민이를 받아들이지 못하는 내 욕심이 나를 좌절시키기도 했다. 그럴 때마다 '지금, 여기'의 자기를 봐 달라고 눈을 맞추고, 손을 잡아 준 보민이 덕분에 지금, 여기의 내가 있다.

우리가 서로를 처음 알아차린 그날처럼 우리는 늘 '오늘'을 함께 걷고 있다.

언제까지나, 서로를 향한 다정한 눈길 위에서 지금처럼 '오늘의 너'를 새로이 발견하고 기뻐할 수 있었음 좋겠다.

처음 널 본 것처럼, 처음 네 목소리를 들은 것처럼, 처음 사랑에 빠진 것처럼, 오늘의 서로를 사랑하며 살고 싶다.

　2021년 여름
　김구민

난생처음 나는 엄마로, 너는 자식으로

한 살에서 두 살

밥과 약

2.4kg으로 작게 태어난 보민이는 젖 빠는 힘도 약하고, 한 번에 많이 먹지도 못한다. 잠도 깊이 못 자고 자주 울어댄다. 배가 고파 우는 것 같아 젖병을 물려 봤지만, 한사코 젖병을 밀어낸다. 이래저래 마음고생하며 한 달을 보냈더니 나도 요 며칠 열이 오르고 온몸이 아팠다.

병원에 가니 젖몸살이란다. 한 번도 아파 본 적 없는 젖가슴이 뜨겁게 달아오르고 찌릿찌릿 아프다. 곁에서 아가는 계속해서 칭얼댄다. 어찌할 바를 모르다 아이를 덥석 안았다. 뜨거운 가슴을 내어주니 보민이가 힘주어 젖을 빤다. 순간, 가슴의 통증과 열이 시원하게 몸에서 빠져나간다.

나는 너의 밥, 너는 나의 약.
밥과 약 사이에서 오늘도 우리는 울었다, 웃었다.

난생처음

보민이가 7일 만에 똥을 눴다. 얼마나 기다려 온 똥인지 모른다.

남의 똥을 두 손 모아 기다리긴 난생처음이다.

'난생처음'

세상에 태어나서 첫 번째.

이 아이에게 '난생처음'인 일들은 내게도 모두 '난생처음'이다.

나는 엄마로,

너는 자식으로,

우리,

한날한시 같이 태어난 게 맞구나.

손 탄 엄마

보민이만 보면, 아니 나만 보면 모든 어른들이 한마디씩 한다.

"그래 온종일 안고 있으면 아기 손 탄다. 내려놔라."

다들 잘못 알고 있다. 손 탄 건 보민이가 아니라 나다. 보민이를 안고 있으면, 아니 보민이한테 안겨 있으면 너무 따뜻하고 좋아서 자꾸만 안고 싶다. 지금의 보민이가 아니면 누가 한 시간이 넘게 나를 이래 따뜻하게 안아 주겠나.

손 탄 엄마는 오늘도 애를 껴안고 내려놓을 줄 모른다.

우리

보민이랑 살면서 힘든 일 가운데 하나는 무언가를 선택하는 일이다. 내 선택이 혹여나 잘못된 결과를 불러올까 두려워 자꾸 중요한 결정 앞에서 멈칫거린다. 더 솔직히 말하면 선택에 따른 책임이 부담스러운 것이다.

옆에서 보다 못한 남편이 한마디 했다.

"구민, 우리 보민이야. 우리 딸이야."

잠깐 왔다 갈 남이 아니라, 적어도 스무 해는 우리 집에 묵을, 우리 손님.

좀 잘못해도 되는, 누구 말마따나 더 낮게 실수하면 되는, 우리 식구.

이리 생각하니 늘 무겁기만 하던 '우리'가 오늘은 좀 가볍다.

너의 손을 잡고

보민이가 요 며칠 감기로 잠 못 이루며 힘들어한다. 잠들 때마다 자지러지는데, 내가 할 수 있는 건 약 챙겨 먹이는 일과 울음을 받아 주는 일뿐이다.

우는 아기를 안고 새벽에 거실을 서성이는데, 발끝으로 찬 공기가 올라온다. 이런 새벽 공기가 느껴질 때마다 떠오르는 일이 있다.

대학 입학시험 치르러 엄마랑 처음 서울에 올라간 날, 밤새 무궁화호를 타고 가서 새벽에 서울역에 떨어졌다. 둘 다 서울은 처음이라 어찌나 춥고 막막하던지. 따뜻한 어묵 국물 한 그릇씩 먹고, 엄마 손을 꼭 잡고 학교를 찾아갔다. 아무도 없는 빈 강의실에서 한참을 추위에 떨었지만, 엄마가 손잡아 주니 다 괜찮아졌다.

세상에 나온 신고식 치르느라 힘겨운 보민이에게도 지금 가장 힘이 되는 건, 따뜻한 내 손이겠지 싶어, 작은 아가 손을 한참이나 잡고 있다.

어쩜 이렇게 작을까

태어날 때부터 작았고, 더디 자라는 보민이는
모든 것이 작다.
눈도, 코도, 입도, 손도, 발도,
모두 작다.

"어쩜 이렇게 작을까?"

남편은 이제 작은 것들만 보면 어쩔 줄 몰라 한다.
함께 작아지고 싶어 한껏 몸을 웅크리며 보민이를 향해
속삭인다.

"어쩜 이렇게 작을까!"

이미, 엄마

아침부터 자기 시작한 아기가 젖 먹을 시간이 한참
지났는데도 안 일어난다. 신생아 때는 두세 시간마다 젖을
먹이라고 했는데 세 시간째 아기가 자고 있으니 슬슬
불안하다. 손가락을 아기 코밑에 대어 본다. 숨 쉬는 것이
잘 안 느껴진다. 아기 배를 가만히 보니 위아래로 움직인다.
휴, 다행이다. 살아 있구나.

반대로 어제는 밤새 안 자고 보채서 어디 아픈 건 아닌가
걱정했다. 이건 뭐 잘 자도 걱정이고 안 자도 걱정이다.
이런 나를 지켜보던 남편이 웃으며 한마디 한다. "푹 잘
자서 다행이라 생각하면 되는 거 아이가. 고마 걱정해."

안 그래도 걱정 많은 나는 아기랑 같이 살기 시작하면서
걱정을 더 안고 살고 있다. 각종 육아책과 포털 사이트에서
쏟아지는 육아 정보들 속에서 날마다 헤맨다. 거기다 둘레
엄마들과 부모님들이 하는 한마디에도 쉽게 흔들린다.
잠은 어떻게 재워야 하는지, 젖은 어떻게 먹여야 좋을지.

아기 수면 교육과 젖 먹는 태도에 대해 의견이 분분하다. 자연스러워야 할 먹는 것, 자는 것에 '교육'이 필요하다니, 말도 안 된다며 헛웃음이 나다가도 아기가 못 자거나, 잘 못 먹으면 이 '교육'이란 것들이 욕심난다.

  아기는 하루가 다르게 변한다. 그래서 매번 초보 부모는 당황하기 일쑤다. 아기를 처음 품에 안았을 때는 그저 아기만 바라보고 많이 품어 줘야겠다 마음먹었다. 그런데 어찌할지 모르는 상황에 부딪힐 때마다 자꾸 둘레 이야기나 온갖 육아 정보가 아기보다 앞서기 시작한다. 거기다 우리 아기는 한 달 먼저 태어나서 다른 아이들보다 몸도 작고 발달도 늦은 편이다. 이제 겨우 두 달된 아이를 다른 아이들과 견주기 시작하면서 마음이 조급해졌다. 그리고 엄마로서 자신감도 사라져 갔다. 지금 나는 잘하고 있는 걸까? 앞으로 잘할 수 있을까? 걱정이 밀려오자 아기는 뒷전으로 밀려나고 내가 뭘 해야 하는지, '나'를 붙잡고 고민하기 시작했다. '지금, 여기'는 사라지고 '지난날'과 '앞으로'가 앞서면서 내 눈앞의 보민이를 놓쳤다.

  처음부터 자신만만한 엄마는 없겠지만, 내가 엄마로서 자신감을 잃고 나를 믿지 못하게 된 건 보민이를 낳은 그 시점부터다. 아이를 품고 있는 열 달 내내 내가 꿈꾸던 출산 장면은 이랬다. 조산원에서 남편과 같이 평화롭게 아이를 맞이하고, 오래도록 아이를 곁에 두고 어루만져 주고 싶었다. 그런데 뜻하지 않게 일찍 양수가 흘러 조산원에서 낳을 수 없게 되었다. 조산원 원장님은 혹시 위험할 수 있으니, 바로 병원으로 갈 것을 권했다. 급히 병원으로 발길을 돌리는데 눈물이 났다. 병원에서는 바로 아기를 낳아야 하니 유도분만제를 맞자고 했다. 출산휴가가 시작되자마자, 마음의 준비를 할 겨를도 없이 덜컥 아기를 낳아야 한다니 겁이 났다. 유도분만제를 맞으며 이틀 동안 분만실에 있었다. 아기의 시간을 존중해 주고 싶었지만, 둘 다 위험하다니 어쩔 수 없었다. 양수가 흐르니 움직이지 말라고 해서 차가운 병실 침대에 꼼짝도 못 하고 누워 있는데, 모든 게 억지스럽게 느껴지고 좌절감이 밀려왔다.

거기다 수시로 무통분만을 권하는 간호사와 의사의 반협박에 가까운 호의를 거절하는 것도 성가셨다. 이러다가 뒤늦게 무통분만 해 달라 요구하면 마취과 의사를 다시 부르기 힘들다, 남들 다 하는데 왜 안 한다고 억지를 부리냐며 돌아가며 한마디씩 했다. 마음 편하게 다독여 줘야 할 산모를 다그치는 그 말이 고통과 불안감을 불러왔다.

탯줄을 자르기 전, 서로 이어져 있는 마지막 순간 아기를 안아 보고 싶었지만, 병원에서는 이런 게 허락될 리가 없다. 아기가 내 몸에서 빠져나가고 완전히, 갑작스럽게 서로 다른 몸이 된 뒤에야 아기를 안아 볼 수 있었다. 고마운 마음과 미안한 마음이 한꺼번에 밀려왔다. 그리고 황달 치료 때문에 일주일 동안 아이와 떨어져 있는 바람에 제대로 젖을 물리지 못했다. 날마다 젖을 짜내며 큰 상실감에 사로잡혔다. 아기가 아픈 게 모두 내 탓인 것 같아 미안했다.

출산 전 꿈꿨던 것들이 모두 어긋난 채 집으로 돌아온 뒤, 한동안 아이가 아플지도 모른다는 불안함과 나를 믿지 못하는 마음 때문에 힘이 들었다. 아이의 울음에 내 몸이 본능으로 반응하는 것을 믿지 못했다. 내 마음이 흔들리니 아기에게도 나에게도 집중할 수가 없었다. 그러다 보니 젖 주는 시간과 아기가 먹어야 하는 젖 양에 매달리고, 아이가 따라가야 하는 몸무게에 매달리고, 반드시 모유만 먹여야 한다는 강박관념에 지나치게 시달려 젖이 줄기도 했다. 수면 교육이라고 일찍부터 잠버릇도 잘 들여야 한대서 아기가 울 때 안아 줘야 하나 말아야 하나, 우는 애를 앞에 두고 고민하기도 했다. 육아는 무조건 행복해야 한다는 압박감, 나에 대한 불신, 한 생명의 모든 것이 내게 달려 있다는 부담감 속에서 나는 좋은 엄마가 될 자신이 없었다.

거기다 또 시간은 어찌나 더디게 흘러가는지.

그러던 가운데 '오래된 미래, 전통육아의 비밀'이라는
다큐멘터리와 책을 볼 기회가 있었다. 많은 내용 가운데
무엇보다 내 가슴을 치고 간 것은 아기를 어떻게 돌볼지
내가 이미 알고 있다는 것이었다. 내 모성이 이미 모든
답을 알고 있으므로 나는 내 마음이, 내 몸이 하는 대로
따라가기만 하면 된다는 것이다. 내가 굳이 애쓰지
않아도 나는 이미 엄마라는 사실이 얼마나 큰 위안과 힘을
주었는지 모른다. 아기 울음소리에 귀 기울이고 아기만 잘
살펴보면, 우리 아기에게 맞고 나에게도 편안한 육아를 할
수 있다는 이 단순한 사실을 이제야 알게 되다니.

아기와 같이 사는 일도 다른 모든 일과 마찬가지로 결국
지금의 나에게 귀 기울이는 일이다. 다시 처음으로 돌아온
기분이다. 마음을 가다듬은 나에게 제대로 무언가를 알려
주겠다는 듯 아가가 열심히 울어 대기 시작한다. 혹시
내가 못 들을까 봐 날마다 더 크게, 더 오랫동안 울어 대며
자기에게 귀 기울이라고 한다. '본능으로' 기저귀를 살피고,
젖도 물려 보고, 안아 주면서 나는 그동안 잊고 있었던
'모성'을 되찾고 있다.

나는 이미, 엄마다.

붙잡아 주는 무거움

여느 날과 다름없는 하루인데

모든 것이 버거운 날이 있다.

동무와 함께 마시던 한 잔의 커피가 생각나고,

바삐 뛰어다니던 일터가 그립다.

훌훌 떨치고 나가 볼까 싶어

충동적으로 신발 뒤축을 당겨 신다가

보민이가 부르는 '엄~마' 소리에,

붕 뜬 몸을 바닥에 단단히 붙이고 앉는다.

'그때, 저기'로 날아가려던 마음이

'지금, 여기'로 서서히 돌아온다.

무거울 땐 다 떨쳐 내려 불쑥 떠나기 일쑤였는데,

무거운 채로 더 진득하게 눌어붙는 수도 있구나.

붙드는 줄만 알았던 무거움이

붙잡아 주는 무거움이 되는 순간,

'엄~마'로 불리는 순간이다.

따뜻한 숫자

보민이 태어난 지 300일 되는 날,

거의 열 달을 같이 살았다.

이는 다섯 개나 났고,

지금 세 개가 올라오고 있다.

몸무게는 8.2kg 정도.

아침 6시에 눈 뜨고,

저녁 7시쯤 졸려 한다.

낮잠은 두세 번, 수유는 대여섯 번.

우리가 알아듣는 말은 엄마, 아빠 두 개.

예전에는 민감하고 불안하기만 했던,

보민이에 대한 숫자들이

이제는 따뜻하고 기특하다.

돌잡이

보민이 돌잔치 날, 돌잡이 물건으로 무얼 놓을까 한참
고민하다 마련한 것들.
세상을 품고 살라는 '지구본'
자유롭게 살라는 '민들레 홀씨'
작고 여린 것을 사랑하라는 '들꽃'
자기를 사랑하며 살라는 '거울'
단단하고 굳은 의지로 살라는 '돌멩이'
가장 낮은 곳에서 힘든 이들을 보살피라는 '흙 한 줌'

지구본을 잡은 보민이 손을
내 손으로, 남편 손으로 한번 더 감싼다.

보민이가 살아갈 세상을 지켜 주고 싶다.

말갛다

보민이는 무얼 먹고 나면
얼굴에 그대로 표가 난다.
닦아 낼 줄 모르고, 숨길 줄 모른다.
거짓이 없다.
보민이 얼굴에서 '말갛다'의 참뜻을 읽어 낸다.
마알간 얼굴.

새 말, 새 뜻

기억하진 못하지만, 나도 보민이처럼 말을 배웠겠지?

들리는 대로 따라 하고,

틀려도 자꾸 말해 보면서,

더 알고 싶은 건 물어 가면서.

엄마, 아빠, 떼떼(토끼), 반짝반짝, 뽀뽀, 따딴(깡총),
뭄뭄(물), 야하(야옹)…

보민이가 새로운 말을 할 때마다, 나도 그 말의 뜻을 다시
곱씹어 보며 새로 배운다.

생명을 돌보는 일은, 새로운 말을 배우는 일과
다름없구나.

당연한 건 없다

보민이가 몸뿐 아니라 마음이 자라는 게 보인다.

어제 《비나리 달이네 집》을 읽어 줬는데, 달이가 다리를 다치는 장면에서 보민이가 너무 서럽게 울었다. 남편 말에 따르면, 오늘 《100만 번 산 고양이》를 읽어 주는데, 고양이가 죽는 장면에서 또 그리 울었단다. 두 고양이가 풀밭에서 평화롭게 뒹구는 장면에서는 너무 행복해했단다. 보민이도 사람이니, 슬픈 장면에서는 울고, 기쁜 장면에서는 웃는 게 당연한데 우리는 그게 또 그리 신기하다.

한 인간이 자라는 모습을 곁에서 지켜보다 보면, 당연한 것들이 당연하지 않게 된다.

어쩌면 세상에 당연한 건 처음부터 없었을지도 모른다.

느려도 너처럼 크는구나

새봄

앙증맞은 꽃잎 여덟 장,
철봉에 내려앉았다.
새봄이 찾아왔다.

봄날

버스 타려고

보민이 안고 서 있는데

옆에 있던 할머니 두 분

웃으며 이야기한다.

"니는 다시 아 키우라면 키우겠나?"

"하이고, 나는 인자 몬 한다, 영감이라도 있으면 모를까."

"그래도 저래 쪼그만 거 키우는 저 때가 봄날인기라."

"그르게."

지금 우리는,

서로의

봄날이다.

온 세상이 깔깔

비 온 뒤 숲을 보러 보민이 손을 잡고 나섰다.
흙바닥 여기저기 고인 물이 발을 붙잡는다고 깔깔
깨끗한 숲 바람 두 손에 담아 세수한다고 깔깔
얼굴에 드리워진 봄 햇살 간지럽다고 깔깔
얘랑 있으면 온 세상이 깔깔거린다.

온몸으로 살다

김보민은

온몸으로 산다.

온몸으로 웃고 온몸으로 운다.

온몸으로 먹고 온몸으로 잔다.

온몸으로 걷고 온몸으로 매달린다.

부럽다.

나도 김보민처럼 살고 싶다.

믿음의 소리

요새 보민이는 뭐든 혼자 한단다.

오늘은 안간힘을 쓰며 멜로디언 호스를 불어 댄다.

열심히 부는데도 아무 소리가 안 나서 가만 살펴보니,

호스와 멜로디언이 따로 놀고 있다.

소리가 나게 도와주려 손을 뻗었다가 그냥 두었다.

끝내 보민이 연주는 들을 수 없었지만,

보민이는 들었길 바란다.

저를 향해 보내는,

믿음의 소리를.

'네가 무얼 하든 믿고 응원해.'

순한 기도

남편이 보민이 이를 닦이고, 손톱을 깎아 주고, 옷을 입혀
주는 모습을 보고 있노라면

이거야말로 기도가 아닐까 싶다.

한없이 기쁜 마음으로,

오므리고,

구부리고,

숙이고,

낮추는,

순한 기도.

신통방통

오늘 보민이 키를 쟀는데 80.5cm였다.

몸무게는 10kg 좀 넘는다.

다들 보민이만 보면 작다고 입을 모으는데,

나는 얘를 볼 때면 "언제 이렇게 컸대?" 하는 말이

절로 나온다.

'견주어 보면' 느릴 뿐,

보민이만 보면 온통 신통방통한 일이다.

머리가 지끈거리는 까닭

요새 보민이 말이 많이 늘었다. 연기도 늘었다.
싫은 걸 시키면 오만상을 쓰며 "아파~"
입이 심심하면 불쌍한 표정으로 "과자 한 개~"
지루할 땐 곁에서 비비대며 "같이 가자~"
모든 말과 표정에 물결 표시가 대롱대롱 달려 있어,
거절이라도 할라 치면
마음먹고 단호한 표정으로 말해야 한다.
날이 갈수록 머리가 지끈거리는 게,
우리 머리 꼭대기에 누가 앉아 있어서인가 보다.

맑은 거울

"보민아, 물지 마~."
"보민아, 물지 마세요!"
아무 물건이나 자꾸 빨아서 하지 말라 하니
들은 체도 안 한다.
혼내려고 붙잡아 앉히니 울먹이며 말한다.
"엄마, 나 피곤해, 피곤해. 자자."
어디선가 많이 본 표정, 익숙한 말투다.

"엄마, 뛰뛰빵빵 밀어 줘."
"엄마, 그네 밀어 줘요!"
"보민아, 엄마 피곤해. 우리 그만 자자~."

내 얼굴과 말버릇을 그대로 비추는 맑은 거울 하나가
나를 빤히 보고 있다.

나와 너

"나는, 나는 고구마 먹을 거예요."

"나는 큰엄마 신발 신고 싶어요."

"나는 치마 입고 싶어요."

한동안 자기를 '보민이'라 부르더니 요 며칠 '나는'이라는 말을 많이 쓴다.

보민이가 '나는'이라고 할 때마다

한 몸 같았던 '나'의 아이가 이제 '너'가 되어 날 마주 보고 서 있는 느낌이다.

김보민은 '나'의 것이 아닌, 어엿한 '너'임을 잊지 말자.

날마다 새로운 몸

더운 여름이 그래도 좋은 건
아름다운 보민이 몸을 온종일 볼 수 있어서.

아름답다.
참말,
사람 몸이 아름답다.

봉긋한 이마, 땀에 젖은 머리칼, 아담한 언덕 같은 코,
말랑말랑한 입술, 작고 단단한 이, 부드러운 어깨, 욕심 없는
주먹, 속이 다 보일 것만 같은 배, 쉼 없이 부지런히 뛰는
심장, 통통한 허벅지, 동글동글한 무릎, 팔딱팔딱 다부지게
땅을 딛는 발까지.
우리 딸 몸은 참말 아름답다.
날마다 새로운 몸이다.

없지만, 가득 찬!

보민이에겐 보이는 것과 보이지 않는 것의 경계가 없다.

내 꽃무늬 티셔츠에 코를 대고 냄새 맡으며
"음, 향기 좋다" 한다.
꽃무늬 이불 위를 뒹굴다 "엄마, 꽃이야" 감탄한다.
그림책 속 아이가 쏟은 우유를 닦겠다고
휴지를 뽑아 오기도 하고,
그림책의 슬픈 장면은 차마 못 보겠다는 듯,
고개를 돌리고 운다.
예뻐하는 인형을 앉혀 두고 웃으며 속삭이거나,
내 눈엔 안 보이는 동무와도 곧잘 이야기한다.
할머니 집에 다녀오겠다며 어디론가 사라졌다
나타나기도 하고,
우리 눈엔 안 보이는 커피를 가져다주곤
뜨겁다며 호호 불어 준다.

아무것도 없지만,

언제나 가득 찬 보민이 세상이다.

말조심, 아 조심

남편이랑 한바탕 싸운 다음 날,
딸애 얼굴 보기 부끄럽다.
손잡고 앞만 보며 걸어가는데
뒤에서 애들 소리가 들린다.
"야, 이 새끼가 아까 졸라…."
"그러니까 씨발…."
우리 옆을 지나가다
한 아이가 옆 애한테 속삭인다.
"야, 앞에 아 있다 아이가."
"아, 맞네."
아, 아도 아 앞에서는 말조심한다!
머리 긁적이며 뛰어가는 애들 따라
나도 도망가고 싶다.

안 피곤해‘도’ 자야 해

밤에 안 자고 자꾸 더 놀자 떼쓰길래

그만 자라 했더니,

눈을 꼭 감고 혼자 중얼거린다.

“안 피곤해도 자야 해.”

‘안 피곤해’와 ‘자야 해’ 사이의 ‘도’가 괜히 짠하다.

커 갈수록 더 힘이 들어갈

‘도’,

싫어‘도’ 해야 하는 것들.

크면, 더 크면

커피에 얼음 가득 넣어
한 모금 마시려는데
보민이랑 눈이 딱 마주쳤다
침이 꼴깍 넘어가는 게 보인다.
"보민아, 니도 커피 먹고 싶나?"
"더 크면, 더 크면!"

칫솔에 치약 바르는데
보민이가 옆에 와 킁킁대며
좋은 냄새가 난단다.
"보민아, 니도 치약 발라 주까?"
"더 크면, 더 크면!"

딸아이가 기다리는 설레는 그곳.
'더 크면, 더 크면'

아직은⋯   더

제주도에 갔다.

센 바람, 센 파도에 보민이가 겁을 집어먹는다

"엄마, 안아 줘."

발밑까지 밀려오는 파도는 나도 무섭다.

그래도 짐짓 안 그런 척한다.

지금은

그저 지켜 주고 싶고

뭐든 막아 주고 싶다.

그럴 수 없을 때가 머지않아 오겠지만,

아직은 그러고 싶다.

모두의 며느리

햇살은 따뜻한데, 바람 세게 부는 날

만나는 할머니마다

유모차 안 아이 보며

한마디씩 보탠다.

"하이고, 아 덥겠다. 다리는 얼마나 뜨겁겠노?"

아이 잠바를 벗긴다.

"이래 바람이 부는데 잠바 좀 입히소."

다시 잠바를 입힌다.

따뜻하게 끓어오르는

자글자글 잔소리 속에

모두의 며느리는

땀만 삐질삐질 난다.

위하여~!

내가 한 행동을 보민이 입으로 다시 들을 때가 많다.

지난 일을 잘 기억하는 게 신통방통하기도 하고, 내 모든 행동을 아이가 보고 있다 생각하면 두려울 때도 있다.

이를테면,

"엄마, 난 여섯 살 되면 맥주 마실 거야."

"어, 어디서 맥주가 나서?"

"엄마 카드로."

"내 카드를 왜 네가 써?"

"한 번 쓰고 돌려줄게."

그동안 애 앞에서 맥주를 너무 맛나게 먹었던 게지, 카드를 너무 긁어 대었던 게지.

가을이다. 마트보다 산에 더 자주 가는 가을을,

위하여~!

예쁜 엄마

아이 낳고 심해진 곱슬머리
어째 해 볼까
요래조래 만져 보다
머리띠도 해 보고, 묶어도 보고, 핀도 꽂아 본다.
거울 앞에서 애쓰는 나를
가만히 올려다보던 보민이가 웃으며 말한다.
"엄마, 오늘 너무 예뻐."

마, 다 됐다.
네 눈에 예쁜 엄마면
그걸로 마, 됐다.

너의 이야기

요새 보민이가 혼자 이야기를 지어내며 노는 모습을 보면 정말 재미있다. 그럴 땐 보민이 등 뒤에 바위처럼 웅크리고 앉아 이야길 듣는다. 그렇게 해야 작디작은 목소리가 더 잘 들릴 거 같아서.

오늘은 토끼와 거북이 이야길 하는 걸 가만히 듣다가 꼭 안아 줬다. 몇 달 전에 내가 한번 들려준 게 기억났나 보다.

"토끼와 거북이가 있었어. 토끼는 깡충깡충,
거북이는 엉금엉금…
토끼가 가다가 잤어. 거북이가 이불을 덮어 줬어."

베짱이에게 밥 나눠 주는 개미 같은 사람
잠든 토끼에게 이불 덮어 주는 거북이 같은 사람
너도 나도 되고픈 사람.

어제와 다른 나

"애기 때는 혼자 밥 못 먹었어요?"
"애기 때는 그네 못 탔어요?"
"애기 때는 혼자 옷 못 입었지요?"
"애기 때는 혼자 똥 못 눴지요?"
"애기 때는 안아 달라고만 했지요?"

이제 보민이는 신발 신기, 옷 입기, 밥 먹기, 똥 누기를
혼자 다 할 수 있다.
애기 때는 지금처럼 못 했지 않냐며 달라진 자신을
얼마나 뿌듯해하는지 모른다.

남과 나를 견주며 곧잘 자괴감에 빠지곤 했던 내
지난날에 비하면, 보민이는 참으로 훌륭하다. 보민이에겐
견줄 대상이 오로지 자기뿐이다. 전보다 더 자랐다는 그
사실 하나로 온종일 기쁘고 뿌듯하다.

오늘도 보민이는 무섭지만,

세게 그네를 밀어 달란다,

애기 때와 달라지기 위해.

보민이 숫자

"엄마, 다섯 번만 그네 밀어 줘!"

"저건 29번 버스야?"

"난 여섯 살(사실은 세 살) 예쁜 언니야."

"현주 이모는 몇 살이야?'

"이거 500원입니다."

"벌써 열두 시 반이다!"

"두 개 먹을 거야."

숫자들이 재미있나 보다. 온갖 '수'와 '값'에 지치는 요즘,
보민이 입에서 나오는 동글동글한 숫자들 덕에 웃는다.
소박하고 욕심 없는 착한 보민이 '수'.

안녕, 우리 집!

"보민아, 우리 낼모레 이사 간다. 이제 다른 집에서 살
거야."

"아앙. 싫어, 싫어!"

딸아이 눈에 눈물이 그렁그렁 차오른다. 고개를 세차게
내저으며 가기 싫단다. 참말 다행이다. 나처럼 우리 집에
정이 담뿍 들어서, 떠나는 걸 아쉬워해서. 남편처럼 이
집이나 저 집이나 둘 다 진짜 우리 집도 아닌데 섭섭할 게
뭐 있냐며, 무덤덤했다면 꽤 슬펐을 게다.

"맞제. 여기 진짜 좋았는데. 창문 열면 산도 하늘도
구름도 바로 보이고, 시냇물 길도, 도토리 길도 가깝고.
고구마 커피 집, 케이크 집, 한살림도 근처고. 참 좋았는데.
근데 이사 가면 그 집도 좋다. 그때 집 앞에 놀이터 봤제?
동무들도 많고 재미날 거야. 혜영 이모가 그러는데 부산대
안에 놀 데가 천지란다. 여기처럼 산도 갈 수 있다."

아이를 꼭 안고 나한테 하는 이야긴지, 아이한테 하는

이야긴지 알 수 없는 이야기를 중얼댄다. 이야기를 하다
보니 여기서 지낸 두 해가 생각나 가슴이 저릿하다.

집 떠나는 일을 충분히 슬퍼해야겠다. 그리고 두 해 동안
우리 식구를 잘 품어 준 우리 집 이야기를 잘 써 두어야지.
그래서 아이가 자라는 동안 두고두고 이 집, 이 동네를
기억하도록 들려주고 또 들려줘야겠다. 고마운 우리 집,
우리 동네에게 주는 작별 편지다.

보민아, 보민이가 돌도 채 되기 전에 우리 세 식구는
구서동으로 이사를 왔어. 엄마, 아빠는 이 집을 보자마자
바로 이사 와야겠다 마음먹었어. 베란다에서 훤히 보이는
겨울 산이랑, 따뜻한 부엌이 정말 마음에 들었거든. 여기서
보민이가 첫돌을 보내고, 근처 숲길에서 걸음마를 시작하면
얼마나 좋을까 설레었단다.

지금은 주차장 공사로 사라졌지만, 우리 아파트 화단은
작은 숲처럼 아름다웠어. 아침이면 온갖 새들이 날아와
나무 위에서 지저귀고, 화단에는 색색의 꽃과 나무가
가득했단다.

네가 걸음마를 시작했을 때쯤엔 너와 같이 코스모스,
강아지풀, 민들레, 맥문동, 채송화, 접시꽃, 장미, 분꽃까지

꽃이란 꽃은 다 한번씩 어루만져 줬지. "분꽃 피었는가 안
피었는가 보러 가자"는 네 손에 이끌려, 오후 4시쯤에 피는
분꽃 보고는 집에 들어와 저녁 준비하면 시간이 딱 맞았지.
마지막 분꽃 보며 아쉬워하던 보민이가 지금도 눈에
선하다.

　우리가 가장 많은 시간을 보냈던, 해 잘 드는 우리 거실.
아침마다 내가 빨래 널 동안 우리 보민인 해가 제일 잘 드는
큰 창문 앞에 앉아 혼자 놀았지. 비질하는 내 뒤를 졸졸
따라다니며 아기 빗자루로 청소도 하고, 엎드려 바닥 닦는
내 등에 업혀 "나는 엄마가 정말 좋아. 엄마 예뻐." 쉴 새
없이 종알대던 거, 기억나니? 넓디넓은 거실에서 춤도 추고,
달리기도 하고, 훌라후프도 돌리고, 참 재미났지.

　우리 집 베란다는 네가 제일 좋아하는 곳이었지 싶어.
여름엔 물 틀어 놓고 옷 흠뻑 적시며 놀고, 바닥이며
창문이며 물감으로 그림 그리느라 정신없었지. 장난꾸러기
같기만 하던 네가 어느 날은 아무 말 없이 창밖을 한참이나
내다보고 있더구나. 보민이가 훌쩍 커 버린 것 같은
날이었어. 그뿐이니? 가을엔 감 깎아 매달아 말랭이
만들어 먹고, 추운 날, 비 오는 날엔 같이 창문에 붙어 서서
열심히 비와 바람을 구경했지. 뭐든 할 수 있는 참 근사한

놀이터였어.

허술한 방충망 때문에 늦가을에도 모기가 곧잘 들어오던 우리 안방 생각나니? 혹시나 네가 모기 물릴까 봐 엄마, 아빠 둘이서 모기 잡는다고 난리도 아니었지. 그리고 네가 퍼즐 조각이며 예쁜 단추며 뭐든 주워 와 집어넣던 침대 밑. 이사한다고 침대 들어내면 그동안 잃어버렸던 물건들이 다 여기 있을지도 모르겠다. 이불 텐트 만들어 그 속에 같이 들어가 쉴 새 없이 이야기 나누고 참 많이도 웃었지. 네 웃음이 가득 배어 있는, 꽉 찬 우리 안방.

우리 보민이를 살찌워 주고, 내게 살림 재미를 알려 준 고마운 부엌이 남았네. 늘 정리가 덜 된 어수선한 곳이지만, 우리 집 철든 밥상의 일등 공신이지. 가마솥 밥물 끓는 소리, 어설픈 칼질 소리, 저도 나물 무치겠다며 비닐장갑 달라 외치는 보민이 소리, 살림 소리 가득했던 우리 집 부엌. 서툰 살림 솜씨가 부끄러워 우리 식구 말고는 아무도 못 들어오게 했지만, 우리 집 오는 사람마다 이 부엌을 딱 보곤 '이 집엔 부담 없이 놀러 와 어질러도 되겠구나', 마음 놓았대. 내 수많은 빈틈 가운데 사람들이 가장 편하게 느낀 틈이기도 해.

아, 깜박할 뻔했다. 가장 큰 집을 빠뜨렸구나.

에베레스트산보다 더 멋지고 좋은 우리 뒷산 숲길과
동네 동무들이 있었네. 봄이면 봄나물이 지천으로 깔려
있고, 개구리 알, 도롱뇽 알이 드글대던 봄 산, 눈이 시릴
정도로 푸른빛으로 가득한 여름 산. 장마철이면 불어나는
시냇물에 얼마나 신이 나던지, 장화 신고 찰방거리다
넘어져 다 젖어도 그냥 좋았지. 도토리와 낙엽이 가득한
가을 산에서 우린 참 열심히도 무언가를 주워다 날랐지.
외투 주머니에 손을 넣으면 늘 부서진 낙엽 가루와 작은
열매들이 만져졌잖아. 두꺼운 외투 입고 뒤뚱거리며 오르던
겨울 산도 참 좋았어, 그치? 맑고 시원한 겨울 공기 한
모금 마시면 방금 이 닦은 것처럼 입안이 시원했잖아. 넓은
흙바닥에 주저앉아 보민이보다 큰 토끼를 나뭇가지 연필로
수도 없이 그려 댔지.

　그리고 이 모든 걸 함께 나눴던 우리 동네 동무들. 늘 네
이름 불러 주며 눈 맞추는 경비 아저씨랑 아파트 청소해
주시던 아줌마, 몇 번 밥 줬더니 내가 허리만 숙이면 밥
주는 줄 알고 다가오던 발만 하얀 고양이, 우리가 의자에
앉을 때까지 진득하게 기다려 주는 마을버스 아저씨,
놀이터에서 우연히 만나 동무가 된 하연이네 식구, 너만
보면 안아 주는 커피 집 아줌마와 한살림 이모들. 이 따뜻한

동네 동무들이 그리워서 이사한 뒤에도 자주 여길 올 것 같아.

보민아, 우리 집 이야기를 하다 보니 우리가 여기서 보낸 두 해가 꽉 차오르는구나. 너랑 아빠 덕분에 내가 여태껏 살았던 다른 어느 집보다도 이 집에 정이 많이 들었어. 낼모레 이사할 때 우리 같이 손나팔 만들어 크게 말하자.

"우리 집아, 고마워! 우리 동네야, 진짜 고마워!"

우리의 다정함을 한없이 끌어내 주는 사람

네 살

빛나는 네 살

너는
울었다가
웃었다가
울었다가
웃는다.

우리는
웃다가, 웃다가, 웃다가, 웃는다.

빛나는 네 살의 시작!

보민이 말 받아쓰기

1

밥상에 놓인 오이 보더니

"엄마, 여름도 아닌데 웬 오이야?"

2

새벽에 베란다 너머로 다른 집 불 켜진 걸 보곤

"저 집 사람들 맥주 마시며 타요 만화 보고 있는 거
아니야?"

3

말하기 싫을 때

"나는 인어공주라서 말 못 해. 다리가 있잖아."

시린 속내

1

"엄마 설거지 다 하고 먹으라고 내가 밥 차려 놨어요. 다
하고 먹으세요."

으응, 대충 대답하고 한참 후 뒤돌아보니 소꿉놀이로
정성껏 차린 진수성찬이 나를 기다리고 있다.

2

"엄마, 밖에 나무가 너무 춥겠다. 내가 들어오라고
했어요. 밥 같이 먹어요."

바람 쌩쌩 부는 날 창밖을 보고 섰다가 소중한 것을 감싼
듯 두 손을 오므리고 말한다. 손안에 있는 게 뭐냐 물으니
추울까 봐 데려온 나무란다.

3

출근하는 아빠를 배웅하며 현관문 앞에서 늘 하는 말,

"아빠, 너무 춥겠다. 잘 다녀와."

　1월 들어 보민이 아토피가 눈에 띄게 심해졌다. 가려워
잠도 잘 못 자는 아이가 우리는 너무 걱정스러운데,
보민이는 엄마, 아빠, 추운 나무가 걱정이다.
　겉만 보고 있는 우리와 달리,
　보민이는 우리와 나무의 시린 속내를 빤히 들여다본다.

내가 사랑하는 사람은…

"보민이는 누굴 사랑하니?"
"음… (손가락으로 우리 가슴을 짚으며) 엄마, 아빠."
"그리고 누구보다 보민일 사랑해야 해."

그 뒤로 누굴 제일 사랑하냐 물으면
"엄마, 아빠, (가슴에 손을 얹고) 보민이"라 답한다.

진심으로
보민이가
어떠한 모습이든 자기를
사랑했으면 한다.
그러려면 우리부터 그래야겠지.

다행이다

새로 이사를 한 지 한 달 만에 보민이 몸에 아토피가
생겼다. 무엇이 원인인지 몰라 헤매던 와중에 우연히 큰방에
새로 들인 장롱에 눈이 갔다. 조립식 장롱이라 설치할 때
접착제 쓰는 걸 봤는데, 그 방에서 문을 닫고 난방을 하며
잔 뒤로 이런 일이 생긴 듯하다.

1월 한의원 진료 후, 보민이 몸은 나쁜 걸 다 토해 내듯
온몸에 상처가 생기고 진물이 흘렀다. 특히 밤이 되면
아이는 가려워 어쩔 줄 몰라 했다. 처음에는 억지로 못 긁게
했더니 보민이는 너무 괴로워 울부짖고, 우리는 미안해서
같이 울부짖었다. 약도 잠깐이고, 언제까지 먹이고 바를 수
없어, 고심 끝에 토시 한쪽을 막아 보민이 잠옷 양팔 끝에
이어 달았다.

아침이면 잠옷 양팔 끝이 피로 얼룩져 있다. 그래도
덕분에 보민이랑 마주 보고 울지 않아도 된다. 빨래하는
물소리 따라 내 울음을 흘려보낼 수 있다. 다행이다.

지금도 자라고 있다

다들 진심 어린 걱정이지만,

그 걱정은 나약한 어미의 또 다른 걱정을 불러일으켜서

보민이 뒷모습 사진만 부모님께 보여 드린다.

보민이 앞모습을 보면 하나같이 "어쩌누" 혀를 차지만,

뒷모습을 보면 누가 봐도

"아이구, 많이 컸네" 소리가 절로 나온다.

앞모습도 뒷모습도 다 보민이다.

어디를 보고 어떤 마음으로 아이를 품는가는

내가 선택할 일이다.

아직도

건강했던 보민이 지난 사진을 보면

눈물이 차오른다.

그건 그때의 보민이와 지금의 보민이를 견주며

과거를 그리워해서다.

지금 여기 보민이에겐 전혀 도움이 안 되는,

해로운 비교일 뿐이다.

어떤 모습이든 지금 여기의 보민이가

진짜임을 잊지 말아야 한다.

보민이는 지금도 자.라.고 있다. 방해만 하지 말자.

내일은 뭐 하고 놀지?

　밤 산책 나갔다가, 멍하니 먼 곳을 바라보는 보민이가 괜히 걱정스러워, 웃으며 슬쩍 물어봤다.

　"보민아, 무슨 생각하노?"
　"나, 내일 뭐 하며 놀까 생각하는데?"

　마음이 탁 놓였다.

추억에 대한 예의

오늘은 보민이 네 살 생일이다.

오늘 하루는 보민이 하고 싶은 대로 하자 하니 옛날 동네에 가 보자 한다. 소원대로 한 시간 버스를 타고 옛날 동네에 왔다. 자주 가던 커피 집, 놀이터, 숲길, 집 뒤 가로수 길까지 쭉 걸었다. 보민이 뒤를 가만 따라가는데, 앞서가던 보민이가 돌아보고 웃는다.

"오랜만이네…."

옛날 동네에 오니, 나는 아프기 전 보민이 모습이 자꾸 생각나 울적했다. '그땐 건강했는데, 지금은….'

불평하던 내게, 보민이가 다시금 추억에 대한 예의를 가만 일러 준다.

'오랜만이네. 여전히 반갑고 좋구나.'

최선의 대답

"보민아, 아빠는 어디가 제일 잘생겼어?"
"…(정말 대답하기 어려운 질문이라는 듯 뜸 들이다)
음… 안경?"
"우하하하! 그럼 엄마는 어디가 제일 이뻐?"
"음… 찌찌!"

최선을 다한 대답이다.

소원

오늘따라 달빛이 참 좋다.
달빛이 아까워 보민이 업고 밤마실 나갔다.

이 고운 달빛 보고
나는 겨우 한다는 말이 참 뻔하다.
"보민아, 소원 빌어라. 니는 뭐 바라는 거 없나?"
'시크릿쥬쥬 신발 갖고 싶어요' 정도 빌 줄 알았는데,
내 등에 얼굴을 대더니 나직이 말한다.
"달아, 오늘도 재미있었어. 고마웠어."
"보민아, 그런 거 말고 뭐 바라는 거 없나?"
"아, 달아. 나 아팠는데 잘 나았어."

지금 여기가 행복한 보민이는
바라는 게 없다.
달 보고 빌 게 없다.

다 좋아

옷방에서 막 나온 보민이 모습이 가관이다.
얼굴보다 큰 머리띠에 치렁치렁 구슬 목걸이,
화려한 원피스 아래 쨍한 초록색 바지,
빨간 털양말에 분홍 리본 구두까지.
어디 가려고 이래 차려입었냐 물으니
한다는 말.

나는 세상 모든 색이 다 좋아
1번째로 좋아하는 색은 분홍색
2번째는 노란색
4번째는 하늘색
5번째는 파란색
6번째는… 7번째는…

그래, 그거!

"엄마, 저기 모서리에 뾰족뾰족한 거 좀 줘! 같이
끓이게."
"이거?"
"아니 저거, 저거!"
"아, 나뭇가지 하나 주워 줄까?"
"아니, 저거!"

암만 모서리를 봐도 보민이가 말하는 걸 찾을 수 없다.
손가락을 따라가 보니 아무것도 없다.
…아무것도 없는데… 있다?
아, 순간 번뜩 감이 온다.

보이지 않는,
아니, 우리 보민이 눈에만 보이는 물건을
나도 같이 알아보고

두 손에 소중히 모아 건네준다.

그제야 "그래, 그거!" 하며 보민이가 환히 웃는다.

소꿉놀이의 묘미는

아무것도 없지만,

어디서나 필요한 걸 구할 수 있는 데 있다.

아무것도 없지만 모든 것이 다 있는 곳에서,

상다리가 휘어지는 밥상을 차려 먹고 하산했다.

아, 배불러~!

납량 특집

"엄마 비밀 이야기 해 줄게. 큰방으로 와 봐."

따라갔더니 불도 끄고 방문도 닫는다.

"비밀 이야기는 어두운 데서 해야 하거든."

"으응."

내 귀에 대고 보민이가 속삭인 말은,

"엄마, 그때 왜 나는 안 안아 주고 효서만 안아 줬어?"

"헉!!"

한여름 밤의 납량 특집이 여기 있다.

며칠 전, 보민이 동무 효서 집에 갔을 때 효서가 울길래 꼭 안아 준 적이 있다. 아주 잠깐이었고, 그 자리에서 보민이는 아무 말도 하지 않았다. 그런데 며칠이 지난 지금, 불도 끄고 방문도 잠그고 이 이야기를 속삭이는 까닭은 무언가. 등골이 서늘하다.

보민아. 내가, 다, 다시는 그러지 않을게.

잔소리

장난감 자동차 위에 올라가려 하길래 늘 그랬듯
당부했다.

"보민아, 조심해래이."

"엄마, 나는 이제 조심할 수 있다. 그러니까 자꾸
물어보면(말하면) 안 된다!"

마, 맞네.

서로를 향한 잔소리를 제일 싫어하던 나와 남편은,

늘 보민이에게만 잔소리쟁이다.

여기까지 핸드폰에 쓰고 있는데, 나를 가만 보던
보민이가 한마디 한다.

"엄마, 그래 핸드폰 보면 눈 빠진다. 그만 보고 나만 봐."

오잉? 니도 잔소리가?

우리 딸 맞네.

날 만나서 고마워

자기 전, 보민이가 내 목을 끌어안고 말한다.

"엄마, 날 만나서 고마워."

순간, 눈물이 왈칵 났다. 나도 모르게 혹시나 보민이가
나를 원망하는 건 아닐까 두려웠나 보다. 건강하게 낳아
주지 못해서, 더 빨리 낫게 도와주지 못해서, 앞으로도 쭉
괜찮을 거라는 확신을 주지 못해서 나는 늘 보민이에게
미안하다.

그리고 보민이가 아토피로 가려워하는 밤이 찾아오면 안
겪어도 될 일을 아이가 겪게 한다는 죄책감과 후회로 화가
난다.

이사를 하지 말았어야지, 가구를 들이지 말았어야지,
다른 치료법을 더 적극적으로 찾아보고 시도했어야지, 그걸
먹이지 말았어야지….

또, 아이가 조금 괜찮아지면, 혹시나 일어날지 모를 미래의 일들이 걱정스러워 불안해한다.

이러다 또 심해지면 어떡하나, 무얼 어떻게 더 조심하면 좋을까, 내가 놓치고 있는 건 없을까….

그런데 보민이는 나보고 고맙단다. 낳아 줘서, 키워 줘서 고마운 게 아니라, 지금 자기를 '만나서' 고맙단다. 만나는 일은 지금, 여기에서 일어나는 일.

그래, 나도 보민이를 만나야겠다.

"응, 보민아. 나도 고마워. 우리 내일 아침에 또 새로 만나자."

우리의 밥상

"엄마 내가 엄마 생일상 차렸다. 생일 축하해. 같이 먹자. 내가 생선 뜯어 줄게."

후식은 한쪽에, 반찬은 그릇마다 이쁘게 담고, 수저 두 개 나란히 놓은 게 참 기특하다. 저랑 나랑 둘이 먹는 점심 밥상이랑 똑같다. 자리를 못 찾은 생선을 어디 둘까 둘이서 한참 의논하다 그것부터 먹었다.

신순화 님의 글 가운데, 신순화 님 친정아버지가
하셨다는 이 말씀이 밥상 차릴 때마다 종종 생각난다.
　"이다음에 시집가서 혼자 밥을 먹게 되더라도 꼭 방
한가운데 상을 펴 놓고 제대로 앉아서 반듯하게 차려
먹어라. 네가 너를 제대로 대접해야 남에게도 대접받는
법이다."

　이걸 읽은 뒤로 밥상 차리는 태도가 참 많이 변했다.
특히 보민이랑 둘이 먹는 밥상은 반찬이 단 한 개라도 꼭
접시에 곱게 담아 먹는다. 수없이 되풀이되는 이 밥상에서
보민이가 저를 대하는 방법을 배웠으면 좋겠다.
　밥 한 그릇에 뭔 뜻이 그리 많냐 하겠지만 날마다 먹는,
날마다 먹을 밥이니 쉽게 볼 수가 없다.
　보민이도 나도, 자기 자신을 위해 제대로 밥상 차릴 수
있는 사람이 되었으면 좋겠다.

내가 왜 더 이쁘지?

보민이를 업고 거울을 보며 이쁘다, 이쁘다 엉덩이를
토닥여 주고 있었다.
보민이도 거울을 보며 한참 이쁜 척을 하더니, 문득 진짜
궁금하단 표정으로 내게 묻는다.

"엄마, 근데 왜 내가 더 이쁘지?"

멀리서 보민 아빠가 1초의 간격도 없이 바로 큰 소리로
대답한다.

"당연하지!!!"

그때 내가 삼킨 말은,
어릴 땐 누구나 이쁘고 귀엽단다.
나도 그랬단다.

보민 아빠, 나중에 따로 이야기합시다.

하지만 나는 어린이의 자존감과 가정의 평화를 위해, 말없이 미소 지으며 보민이 엉덩이를 힘주어 토닥였다.

여섯 번째 엄마

"엄마, 우리 첫 번째 엄마가 나 햄버거랑 핫도그 넣은 밥 해 줬어."

"첫 번째 엄마는 이거 하게 해 줬는데. 내가 옛날에는 첫 번째 엄마랑 살았거든. 그때 참 좋았는데."

"엄마, 첫 번째 엄마는 나한테 예쁜 구두랑 인형이랑 오만때만 거 다 사 줬어."

뭔가 하고 싶은 것이 있는데 내가 안 된다고 할 때 여지없이 등장하는, 보민이 '첫 번째 엄마'는 보민이가 만들어 낸 가상의 엄마다. 이 첫 번째 엄마는 인심도 좋고, 살림도 넉넉하고, 마음은 또 어찌나 너그러운지 보민이가 원하는 건 무조건 다 하게 해 준단다.

하도 첫 번째 엄마를 자랑하길래, 어느 날 보민이에게 물었다.

"보민아, 그러면 나는 도대체 몇 번째 엄마야?"

"엄마? 음, 여섯 번째? 김구민 엄마는 여섯 번째?"

두 번째, 세 번째도 아니고 무려 여섯 번째라니.

겨우 여섯 번째 엄마는,

첫 번째 엄마와 보민이의 아름다운 추억을 그저 씁쓸히

듣고 있을 뿐이다.

보석방 마음

아침에 밥 먹다 안아 달라더니,
이내 나를 껴안고는 내 가슴에 머리를 파묻는다.

"엄마 마음이 너무 따뜻해서 보석방(찜질방) 같다."

아침에 눈 뜨자마자 나는,
60도에 육박하는 보석방 마음을 품은 뜨거운 여자,
아니 엄마다.

다른 한 사람

비 오는 오후, 껌 한 통 사러 가자 둘러대며 보민이를
데리고 밖으로 나왔다.

우산 아래서 쏟아지는 비를 가만히 보던 보민이가
묻는다.

"엄마, 엄마는 비 오는 날 좋아해, 맑은 날 좋아해?"

내가 무어라 대답하기도 전에 보민이가 답한다.

"나는 비 안 오는 날이 좋더라. 환해서 멀리 볼 수 있고
멀리 걸어갈 수 있잖아."

"그래? 난 비 오는 날이 좋던데. 보민이랑 나는 좋아하는
날씨가 다르구나."

아직도 나는 종종 보민이와 내가 한 몸인 것처럼
착각한다. 내가 춥다 싶으면 보민이 옷을 두껍게 입히고,
내가 예쁘다 싶은 것으로 보민이를 꾸며 준다. 내가
맛있으면 보민에게 억지로 권하고, 내가 보기에 나쁘고

위험한 것에는 보민이가 얼씬도 못 하게 한다.

그런데 이제야 안 건데, 비를 좋아하는 나와 달리 보민이는 비가 싫단다. 비단 날씨뿐이랴, 생각해 보면 성격도 식성도 보민이와 나는 다 다르다.

이런 보민이를 두고 종종 나는 우리가 한 몸인 양 착각에 빠진다.

누가 보민이를 칭찬하면 내가 칭찬받는 것처럼 우쭐해한다. 반대로 누가 보민이 아토피를 보고 가여워하면 내가 동정을 받는 것 같아 우울해져 숨고 싶다. 보민이도 나와 똑같은 생각일 거라는 착각으로 아이를 내 등 뒤로 잡아끌기도 한다.

날씨처럼 사소한 것도 서로 좋아하고 싫어하는 게 다른데, 나는 내 마음대로 아이 마음을 짐작하기 일쑤였다.

나란히 잡고 있던 손을 가만 놓는다. 마주 서서 보민이 눈을 바라본다.

그제야 내 앞의 또 다른 한 사람이 또렷이 보인다.

아직 안 배운 말

보민이에게 아토피가 생기고 난 뒤 처음 맞는 가을이다. 환절기가 되면서 보민이는 건조한 날씨에 적응하느라 쉽지 않은 나날을 보내고 있다. 이젠 낮잠도 잘 자지 않으니 나도 쉬는 시간이 없고 둘 다 짜증이 늘었다. 아토피에 좋다는 반신욕을 한 뒤 씻기는데, 상처에 물이 닿으니 아파서 보민이가 소리소리 지르며 운다. 나도 그만 참지 못하고 버럭 소리를 질렀다.

"김보민, 앞으로 너 아빠랑 씻어! 다시는 너랑 반신욕도, 목욕도 안 할 거야! 그만 울어! 조용히 해!"

밤에 제대로 자지 못해 피곤한 데다, 다시 아토피가 심해질지도 모른다는 불안감에 예민해진 나는 보민이에게 있는 대로 화를 냈다. 엉엉 우는 보민이 곁에서 한참을 같이 울고 나니, 그제야 정신이 좀 든다.

내가 뭘 한 건가. 지금 누구보다 힘든 사람은 보민인데, 아이 우는 소리가 뭐가 그리 듣기 싫다고 소리쳤을까.

내가 잘못했다. 보민이 앞에 앉아 손을 잡고 진심으로
용서를 구했다.

"보민아, 아까 소리 질러서 정말 미안해. 놀랬지? 진심이
아니었어. 아토피 얼른 낫게 앞으로도 엄마가 잘 씻겨
줄게. 마음 풀리고 엄마 용서해 줄 맘이 들면 나중에라도
'괜찮아'라고 말해 줘."

내 말을 가만 듣던 보민이가 살짝 손을 빼며 고개를
돌린다.

"엄마, 나는 아직 그래 말하는 거 안 배웠다. 담에 배우면
그래 말해 줄게."

쉽게 용서해 주지 않겠다는 듯이, 나를 보지도 않고
말하는 보민이 곁에 웅크려 앉아 있는데 왠지 다행이라는
생각이 든다. 괜찮지 않은데도 괜찮다고 얼버무리는 것보다,
괜찮지 않을 땐 괜찮지 않다고 당당히 말하는 편이 훨씬
낫다. 괜찮다고 괜찮다고 묻어 두다 엉뚱한 데서 터져 버린
오늘의 나보다 지금의 보민이가 낫다.

사랑하는 사이

어제도, 오늘도, 아니, 이번 주 내내 아이에게 화를 내고
있다.

복직을 앞두고 보민이 유치원 상담을 다니느라 바쁜
데다, 남편은 며칠째 회식으로 퇴근이 늦다. 온종일 살림과
육아에 묶여 있다 보니 피곤이 쌓인다. 하지만 이 모든 것이
핑계에 지나지 않음을 누구보다 내가 잘 안다. 진짜 내가 화
난 까닭은 바깥의 핑계들에 있지 않다.

어젯밤 내가 화냈을 때 울먹이던 보민이 목소리가 잊히지
않는다.

"엄마, 우리 사랑하는 사이잖아. 목소리 좀 낮춰."

보민이 말대로 사랑하는 사이는 자기 목소리를 낮출
줄 알아야 한다. 불안과 두려움이 올라올 때마다 크게
소리치는 바람에, 무엇 때문에 내가 화났는지, 보민이를
진짜 힘들게 하는 게 무언지, 무엇이 보민이를 정말
사랑하는 길인지 다 놓쳐 버렸다.

아이를 재우고 조용히 집안일을 했다. 바닥을 쓸고 닦고, 찬거리를 가만가만 손질하다 보니 그제야 내 두려움이 보인다. 요즘 나는 너무 불안하다. 다시 붉어지는 보민이 뺨이, 늘어나는 잠 못 이루는 밤이 앞으로 다가올 크나큰 불행의 전조 같아 두렵기만 하다.

두려웠구나, 불안했구나. 가만히 내 마음을 어루만지니, 잠든 아이의 고운 얼굴도 이제야 눈에 들어온다. 아토피를 깔끔하게 없애 주는 것만이 보민이를 사랑하는 길이 아니구나. 보민이가 원하는 사랑, 내가 줘야 할 사랑은 다가오지 않은 미래에 있는 게 아니다. 손 내밀면, 마음만 내면 닿을 거리에서 우리를 기다리고 있다. 지금 여기의 따뜻한 말 한마디, 부드러운 손길이면 보민이도 나도 충분하다.

잠든 보민이 이마를 부드럽게 쓸며 못다 전한 마음을 보낸다.

"보민아, 사랑해."

모르는 마음

가을비 보슬보슬 내린다.

딸아이 손잡고

가로수 길 걷는데

젖은 땅, 마른 땅, 젖은 땅, 마른 땅

이상하다 싶어 올려다보니

나무 아래는 마른 땅

나무 밖은 젖은 땅

"엄마, 이 땅엔 왜 비가 안 내렸어?"

"나무가 막아 줘서 그래."

아이에게 내리는 비

다 막아 줘서

늘 마른 땅 만들어 주고 싶은

내 마음이 보인다.

나무는 모른다, 땅 마음을.

젖고 싶은지, 마르고 싶은지.

나는 모른다, 딸 마음을.

젖고 싶은지, 마르고 싶은지.

아이에게 씌워 준 우산을 거두니

손 놓고 좋아라 우산 밖으로 뛰어나간다.

진짜 마음

늘 아빠랑 뛰는 퐁퐁에서 혼자 열심히 뛰다가 불쑥 말한다.

"엄마, 나는 아빠가 있어서 좋겠지?"

"아빠? 나도 아빠 있는데!"

"아니, 나는 내 마음에(가슴을 손으로 토닥이며) 아빠가 있어서 좋겠지? 엄마도 있어?"

아빠를 마음에까지 품은 적이 없는 나는 바로 '응'이 안 나온다.

"아, 그렇구나. 보민인 참 좋겠다."

보민이 말이 자꾸 생각나 버스 타러 가는 길에 물어봤다.

"보민아, 아까 마음에 아빠가 있다는 게 무슨 말이야?"

"아, 그거? 아무 말도 아니야."

그래. 그건 말로 설명되는 게 아니다. 아무 말도 아니다.

그냥, 진짜 마음일 뿐이다.

마음이 통하는 일

산길 걷다 다리가 아픈 보민이가 배시시 웃으며 말한다.

"엄마, 나 힘드네? 날 안으면 엄마 사랑이 마음에 들어와서 힘이 나는 거지. 내 마음도 엄마한테 들어가서 힘이 날 거야."

마음과 마음이 통하려면 같은 높이에 있어야 하는 법. 내가 숙여 걸을 수 없으니 보민이 말대로 내가 저를 안는 수밖에 없다.

눈웃음과 애교 섞인 보민이 몸짓에 결국 나는, 외투 껴입은 13.7kg 딸을 안고, 하필 딱 나타난 오르막길을 땀 뻘뻘 흘리며 걸었다.

마음과 마음이 통하는 일은 여간 어려운 게 아니다.

다정함

"아빠, 머리 묶어 줘."
남편의 굵은 손가락이
흘러내리는 머리카락 한 올, 한 올 앞에서
바르르 떨린다.
"자, 다 됐다."
한 올도 놓치지 않겠다는 듯
딱, 딱, 꽂힌 수십 개의 딱핀들
다정, 다정, 다정함이
야무지게 묶여 있다.

아빠의 다정함을 한없이 끌어내 주는
고마운 사람 김보민.

그냥 궁금해서

"아빠, 내일도 일하러 가? 언제까지 가야 해?"

보민이 물음에 남편이 반색하며 묻는다.

"우리 보민이, 아빠가 너무 좋아서 일 안 가고 온종일 옆에 있었으면 좋겠나?"

"아니, 그냥 물은 거야."

"그냥 묻긴, 아빠가 좋은 거지?"

"아니! 그냥 몇 날까지 가야 하는지 궁금해서."

"그러니까 아빠랑 언제부터 온종일 놀 수 있는지 기다려지는 거지?"

"아니라니까, 그냥 궁금하다니까."

서로 마음 다 알면서,

뭐가 그리 궁금하고

뭐가 그리 듣고 싶은지

오늘도 밀당하느라 바쁜 부녀.

슬픈 노래

"엄마, '엄마가 섬 그늘에' 그 노래 불러 줘. 그럼 잠이 잘 올 거 같아."

"엄마가 섬 그늘에 굴 따러 가면, 아기가 혼자 남아 집을 보다가. 바다가 불러 주는 자장노래에 팔 베고 스르르 잠이 듭니다."

노래를 다 부르니 보민이가 날 꼭 껴안는다.

"노래가 너무 슬퍼, 엄마. 아기가 혼자 있어서 너무 슬퍼."
"그제? 나는 이 노래 부를 때마다 혼자 자는 아기 이불 덮어 주고 싶더라."
"나도. 나는 그 아기한테 베개 주고 싶어."

양보를 안 하기로 마음먹었어

복잡한 버스를 탄 어느 날 저녁, 둘이 겨우 자리에 앉았는데 누가 옆에 선다. 평소처럼 보민이를 내 무릎에 앉히고 자리를 양보해 주려는데 보민이는 한사코 싫단다.

"우리가 같이 앉으면 옆에 언니도 같이 앉아 가니 좋잖아. 언니 다리가 얼마나 아프겠어?"

"싫어, 싫다니까."

옆에 선 사람이 할머니 할아버지가 아닌 젊은 아가씨라, 나도 몇 번 달래다 말았다.

그리고 다음 날 아침, 같이 차 마시는데 보민이가 갑자기 어제 일을 얘기한다.

"엄마, 어제 내가 왜 엄마 위에 안 앉고 혼자 앉겠다고 한 줄 알아? 내가 엄마 무릎 위에 앉으면 엄마 허벅지가 얼마나 아프겠어? 그래서 내가 그랬던 거야. 앞으로도 나는 그럴 때, 양보를 안 하기로 마음먹었어."

조곤조곤 얘기하는 모습이 참말 귀여워 웃음을 참고
들었다. 기쁘게 양보하는 건 아직 보민이에게 쉬운 일이
아니다. 당연하다.

제 나름의 까닭이 있는 것이, 나한테 당당히 제 생각을
얘기하는 태도가 그저 신통방통하다. 그래도 다음에 기회가
되면, 거꾸로 양보받을 때 얼마나 고마울지 한번은 일러
줘야지.

그나저나 내 허벅지를 그토록 걱정하던 기특한 딸내미는
어젯밤에도 절 안아 달라고 그 난리를 부렸다지, 거참.

곱다, 고와

떨어진 지 얼마 안 된

고운 꽃 한 송이

손에도 얹어 보고

만지작만지작

이뻐서 어쩔 줄 모른다.

그렇게 예쁘면

집에 들고 가자 하니

말없이 가만히 내려놓는다.

엄마, 이 꽃을 여기 두고 가야겠어.

이 길 지나다닐 때마다 보게.

화단에 앉아 있던 할머니들이

"아이구, 곱다, 고와."

환하게 웃는다.

꽃도

꽃 같은 네 맘도

곱다, 고와.

사랑해

우체국에서 택배 부치는 동안,

보민이를 의자에 앉혀 놓고 조금만 기다리라 했다.

일 보며 사이사이 뒤돌아보니

생글생글 웃으며 맛나게 과자를 먹고 있다.

안심하고 뒤돌아서려던 찰나 멀리서

"엄마!" 부르는 소리가 들린다.

"응?"

"사랑해."

우체국 안이 조그만 보민이 목소리로 가득 찬다.

우체국 직원분도, 옆에 있던 다른 손님도 순간, '아!' 한다.

참말,

지금도 충분하다.

나만 몰랐을 뿐,

우리는 지금 충분하다.

나만의 방,
모든 것이 충분한 하루

다섯 살

이게 다야

"아니, 이게 무슨 글자야? 뭐라고 쓴 거야?"

아, 무슨 말이냐면,

'요구르트가 정말 먹고 싶다. 엄마는 아빠가 오면 먹을 수 있다고 했는데, 아빠는 아직 안 온다. 아빠는 언제 집에 올까?'

이게 다야.

이상한 일

"엄마, 만화에 보니까 공주 엄마는 왕비고 아빠는 임금님이던데 엄마도 왕비야?"

"아, 나는 왕비 아니고 그냥 사람인데."

"그래? 난 공주인데. 이상하네?"

자기 정체성에 대한 진실을 알려 줘야 할 때다.

팬티 두 장

아이 옷 갈아입히려
바지를 내렸는데
팬티 안에 또 팬티를 입고 있다.

팬티 입었냐
묻지도 않고
입었는가 살펴보지도 않고
우리 마음대로
입히고 또 입혔다.

덜 해 준 건 없나
못 해 준 건 없나
안달 난 우리가 한 일은 겨우
팬티 두 장 입힌 일뿐

우리는 늘,

쓸데없이 과하다.

소소한 일상

1

보민이가 만든 '동백이'

가끔 심심하다 할 때가 있는데

그럴 때 가만 보면 멋진 작품들이

탄생한다. 보민이처럼 수줍음이 많은

동백이!

2

같이 놀자는 걸 설거지 끝날 때까지

기다려 달랬더니, 다 시든 화분을 들고 와 열심히 물을

준다. 물을 듬뿍 주지 않아서 힘이 없는 거라며 열심이다.

결국은 거실을 물바다로 만들고서야 끝이 났다.

보민이 정성을 봐서라도 풀아, 기운 차리길!

3

내가 문제 내 볼게, 엄마.

세상에서 제일 좋은 엄마는?

내 엄마!

세상에서 제일 좋은 아빠는?

내 아빠!

혼자 묻고 답하더니 까르르 넘어간다.

벽보다 창

지난해 보민이 아토피가 심해진 후로 병보다 더 힘든 건 사람들의 시선이었다. 대놓고 혀를 차는 사람부터 시작해, 징그럽다고 수군대는 사람, 아토피에 좋은 제품을 소개해 주겠다며 무턱대고 잡아끄는 사람, 첫 만남부터 기도해 주겠다며 덥석 두 손을 잡는 사람들까지, 우리를 구제해 주지 못해 안달 난 사람들 속에서 나는 어찌할 바를 몰랐다. 벽지와 바닥을 바꾸고, 물과 음식을 바꾸고, 약과 병원을 바꾸고, 공기까지 바꿔 보았다. 내가 잘 몰라서, 내가 무얼 잘못해서 이런 일이 생긴 거라는 사람들 말에 파묻혀, 바꿀 수 있는 건 다 바꿨다. 하지만 정작 내가 절실히 원했던 것은 바뀌지 않았다. 아픈 아이와 아이를 부정하는 내 마음은 마음대로 바꿀 수가 없었다.

벗어나고 싶었다. 아무도 우리를 모르는 곳에서 누구의 말도 듣지 않고 하루라도 편히 있고 싶었다. 그때 문득, 몇 주 전 다녀온 오키나와가 생각났다.

한국에서 그리 멀지 않은 곳, 어떤 말도 들리지 않고 어떤 말도 하지 않아도 되는 곳. 거기다 오키나와의 봄은 한국보다 한 달 빨리 찾아온다니, 온도 변화에 민감한 보민이 피부에 조금은 도움이 되지 않을까.

그저 도망가고 싶다는 마음으로 오키나와 시골 마을의 작은 집을 3주 정도 빌리기로 했다. 나는 일본어도 전혀 못 하고, 운전면허 딴 지 얼마 되지 않아 차를 빌릴 수도 없으니 보민이랑 단둘이 집에만 있어야 할 것이다. 듣지도 말하지도 움직이지도 못하니 무얼 바꾸지 않아도 되겠지. 애써 무언가를 하지 않아도 되겠지.

그렇게 떠나온 우리는 꼬박꼬박 집밥을 해 먹으며 낯선 집, 낯선 동네에서 말 그대로 사는 여행을 하고 있다.

이 집은 벽보다 창이 더 많다. 그 많은 창을 다 열면, 마당을 가득 채우고 있는 나무들의 짙은 푸름이 눈, 코, 입을 훅 덮친다. 날씨가 좋은 날에는 거실에서도 멀리 있는 푸른 바다가 훤히 보인다. 안에서도 밖이, 밖에서도 안이 훤히 보이는 이 집에서 우리는 더 이상 숨을 필요가 없다. 숨으려 찾아왔지만, 숨을 필요가 없는 집. 한 달 앞당긴 봄이 어느새 우리를 찾아 문 앞까지 성큼 다가온 듯하다.

어쩌자고, 나는

폭풍 같은 밤을 보내고 날이 훤해져서야 보민이는 내게 안겨 깊은 잠에 빠져들었다. 얼마나 지났을까, 시계를 보니 어느새 오후 2시다. 인기척이 나서 밖으로 나가 보니, 주인 할머니가 직접 키운 푸성귀와 면역력에 좋다는 찐 밥 한 공기를 내미신다. 얼굴과 팔에 상처가 가득한 보민이를 보고 할머니가 일본어로 몇 마디 하셨는데, 할머니 표정과 손짓으로 말뜻이 짐작된다.

"아이고, 밤에 둘이서 힘들었구나. 내 류머티즘에 좋은 밥이니 아가한테도 좋을 거야."

할머니가 주신 밥과 채소를 다 먹은 뒤 보민이가 내게 묻는다.

"엄마, 나 사랑하지?"

여태껏 한 번도 이렇게 물은 적이 없는데, 가슴이 쿵 내려앉는다.

"그럼, 세상에서 제일 사랑하지."

"엄마, 나랑 놀아 줘서 고마워."

이런 말도 처음 듣는다. 어젯밤 내가 너무 혼을 냈나….

"나는 너랑 놀아 준 적 없는걸? 그냥 같이 노는 건데?"

대답은 이렇게 했지만, 마구 흔들리는 속내를 보민이에게 들킨 것 같아 가슴이 뜨끔하다.

흔들릴 때마다 곁에서 잡아 주던, 때로는 외롭지 않게 같이 흔들려 주던 남편이 없으니 하루, 하루 쉽지 않다. 나는 어쩌자고 단둘이 여기까지 온 걸까, 어쩌자고.

좋은 거 보면 생각나는 사람

"엄마, 나는 여기 장난감이 별로 없어도 정말 좋아.
마당도 있지, 꽃도 있지, 나무도 많지."

보민이는 여기가 너무 좋단다. 하지만 나는 요즘 빨리
집으로 돌아가고 싶다. 좋은 공기와 물 덕분인지 보민이
피부는 더디게라도 조금씩 진정되는 것 같지만, 내 마음은
빠르게 지쳐 가고 있다. 온종일 아이와 단둘이 있으니 쉴
틈이 없다. 스트레스로 보민이에게 더 화를 내는 것 같다.
그리고 화 끝에 남는 죄책감은 늘 나를 무겁게 짓누른다.
그럴 땐 보민이를 앞세우고 무작정 걷는다. 오늘도 걷고
걷다 늘 보고만 지나치던 식당에 들어갔다. 오키나와에서
나는 재료로만 만든, 소박하지만 정성 가득한 밥상을 받아
바다를 보며 맛있게 먹는데 보민이가 그런다.
"엄마, 엄마랑 아빠랑 나랑 우리 셋이 여기 살면 참
좋겠다."

좋은 거 보며, 좋은 거 먹으니 혼자 두고 온 아빠가
생각나나 보다. 품이 제법 넓어진 거 같아 한참이나 머리를
쓰다듬어 주었다.

상냥한 손길

며칠 전 주인집 할머니가 따님과 함께 우리를 찾아왔다.
번역기를 돌리며 할머니가 전한 말은, "근처 도예 가게에
가서 흙 놀이를 하자"는 것이었다. 아들이 거기서 일하고
있어 도예 가게 선생님께 미리 허락을 구했단다. 보민이
같은 아이는 흙을 많이 만져야 한다며 나들이 삼아 같이
가자고 했다.

도예 가게에서 일하고 있는 할머니 아들은
발달장애인이다. 집 안 곳곳에 걸려 있는 그림들은 모두
아들이 그린 건데, 할머니 말로는 어릴 때부터 손재주가
뛰어났다고 한다. 그래서 스무 살 때부터 도예 가게 선생님
아래서 그릇 빚는 일을 배우게 했는데, 올해로 열여섯 해째
여기서 일하고 있단다. 아들을 소개하며 할머니가 말했다.
  "우리 하지메는 날마다 행복해요. 이 아이 덕분에 나도
행복해요."

보민이와 처음 여기 온 날부터 할머니는 보민이를 보고 단 한 번도 인상을 찌푸리거나 가여워하는 표정을 지은 적이 없었다. '날마다 예쁘구나', '오늘은 머리가 귀엽구나', '머리부터 발끝까지 예쁜걸?' 늘 상냥한 말로 웃으며 칭찬했다. 할머니뿐인가, 이 동네에 있는 동안 보민이는 '귀엽다'는 말을 참 많이도 들었다. 누구도 보민일 다시 돌아보거나 손가락으로 볼을 가리키지 않았다. 길을 가다 마주치는 사람 모두가 아이를 보고 웃어 주었다.

도예 가게에서 만난 할머니 아들은, 이런 상냥한 가족과 동네의 보살핌을 받으며 자란 티가 났다. 잔잔한 웃음을 머금고 해야 할 일을 하며 조용조용 말을 이어 갔다. 할머니와 아들이 서로를 대하는 모습을 보고 있자니 부끄러운 내 지난날이 자연스레 떠올랐다.

지난 한 해 동안 나는 보민이 상처보다 더 험한 꼴로 살았다. 남들이야 어떻게든 말할 수 있지만, 엄마인 내가 그러면 안 되었다. 사람들의 비난이 두려웠던 걸까, 보민이가 부끄러웠던 걸까, 아이에게 아무것도 못 해 주는 내가 싫었던 걸까, 나는 어디서든 숨기 바빴다. 때로는 보민이를 숨기기도 했다. 아이와 둘이서 숨을 곳만 찾아다녔던 것 같다. 지금, 여기도 사실 숨기 위해 찾아온 곳이 아닌가.

   아픈 아들을 있는 그대로 바라보고, 자기 결대로 살아갈
수 있게 곁에서 응원해 온 할머니와 이 마을 사람들을 보며
하이타니 겐지로 선생님이 말한 '상냥함'에 대해 생각해
본다. 있는 그대로의 모습을 존중하는 상냥함, 서로를
따뜻하게 보듬어 주는 상냥함이야말로 지금 우리 둘에게
가장 필요한 게 아닐까.
   숨으려 찾아든 곳인데, 날마다 여기저기에서 숨지 말고
나오라고 손 내밀어 준다. 상냥한 그 손길들을 놓치지 않고
잡을 수 있어 얼마나 다행인지 모른다.

잘 보는 법

한국 돌아가기 전, 편지 한 통은 집에 보내야 할 거 같아서 보민이 손을 잡고 우체국에 갔다. 편지를 부치고 나오는데, 우체국에서 일하는 아주머니가 잠깐 보민이를 불러 세운다. 나무 상자 하나를 꺼내시더니, 말없이 분홍색 풍선 하나를 집어 보민이에게 건넨다. 콧날이 시큰하다. 이 동네 사람들은 늘 이런다. 어느 누구도 보민이를 보고 얼굴을 찌푸리거나 놀래는 사람이 없다. 그저 자연스레 기회가 생기면 보민이에게 간식을 주거나 작은 장난감을 건네는 게 다다. 그리고 보민이보다 더 수줍고 작은 목소리로 '귀엽다'고 덧붙인다.

덕분에, 보민이는 여기 와서 다시 거울을 자주 보기 시작했다. 이 동네 사람들이 보민이에게서 본 걸 보민이도 찾아낸 듯하다.

아이도 나도, 보는 법을 다시 배워 가고 있다.

나만의 방

보민이와 단둘이 오키나와에서 지내던 어느 날, 너무
견디기 힘들어 남편에게 문자를 보냈다.

'나 돌아가면 딱 하룻밤만 나 혼자서 지낼 거야.'

남편은 그날 바로, 내가 알려 준 숙소를 예약해 주었다.
온전한 나만의 시간을 조금이라도 더 가지려면 집에서 그리
멀지 않은 곳이 좋겠다 싶어, 해운대에 있는 오피스텔을
하루 빌렸다.

오늘은 그때 예약한 오피스텔로 떠나기로 한 날이다.
아침부터 너무 설렜다. 이틀 전부터 보민이에게는 엄마가
하루 정도 집에 없을 테니 아빠와 자야 한다고 단단히
일러두었다.

"엄마, 그래도 밤에는 집에 와서 나랑 자면 안 돼?"

"보민아. 나, 마음의 친구 '구순이'와 함께 보내고 싶어서
그래. 딱 하룻밤인데 뭘. 잘 자고 일어나면 엄마가 딱
돌아와 있을 거야. 예쁜 드레스와 같이!"

"구순이? 에이, 이름이 뭐 그래?"

단 한 번도 나와 떨어져 자 본 적이 없는 보민이는 조금
불안해했지만, 내가 사 오겠다는 드레스에 눈이 멀어 한번
도전해 보겠다고 했다. 아직도 보민이가 밤에 가려워서 깰
때가 있지만, 겨우 하루 나가는 것이니 남편도, 보민이도 잘
견딜 거라 믿는다.

이제 몇 시간 후면, 드디어 몇 년 만에 나만의 방으로
들어간다. 스무 살 때부터 결혼하기 전까지 나에게는 늘
'나만의 방'이 있었다. 밖에서 어떤 일을 겪더라도 그 방
안에서만큼은 편안하게 쉬며 위로를 받을 수 있었다.
그런데 결혼을 하고, 아이를 낳고 키우며 나는 이 방의
존재를 새카맣게 잊고 있었다. 보민이 아토피와 뒤엉켜
싸우며 보낸 수많은 밤 속에서, 새삼 이 방이 다시
생각났다. 그리고 사무치게 그리웠다. 그 방에 오늘 나는
간다.

읽고 싶었던 책 두 권과 컵라면 하나를 가방에 담았다.
그리고 가는 길에 통닭 한 마리를 샀다. 숙소 문을 열고
들어가니 편안한 소파와 침대, 멋진 야경이 나를 맞아
준다. 느긋하게 소파에 앉아 통닭을 먹고, 누구의 방해도

받지 않고 오래도록 책을 읽었다. 하고 싶은 일을 다 끝낸 새벽녘, 나만의 침대에 누워 팔다리를 뻗고 실로 오래간만에 단잠을 잤다. 데굴데굴 구르며 자도 되는 나만의 침대가 이리도 감격스러울 줄이야.

다음 날, 느지막이 일어나 조용하게 커피 한 잔을 마시는데 몽글몽글한 행복함이 눈 밑까지 차오른다. 이게 뭐라고, 이 하룻밤이면 되는데. 내가 뭘 원하는지, 내게 정말로 필요한 게 무언지 생각해 볼 여유도 없이 나를 몰아붙이며 살고 있었구나. 나만의 침대, 나만의 소파, 나만의 커피, 나만의 책…. 모두 한 번씩 써 보았다. 그리고 마지막으로 '나만의 나'를 꼭 안아 준 뒤 방을 나왔다.

모든 것이 충분한 하루였다.

세 가지 교훈

1

"엄마, 나는 힘들거나 어려운 일이 없어.
왜냐하면 용기를 내서 자꾸 연습하면 되거든.
엄마가 아까 큰 미끄럼틀 타기 무섭다고 했지?
이틀에 한 번씩 타면서 연습하면 점점 안 무서울 거야.
꼭 그렇게 해 봐."

2

여느 날과 다름없는 보통의 날에도,
"엄마, 나는 언제나 행복해."

3

남편과 다툰 날,
"엄마. 아빠. 우리는 한 식구니까 오늘은 셋이 같이 누워
자자."

추억이 떠올라서

"엄마, 붕어빵 먹고 싶어."

그저께도 사 먹어서 오늘은 안 된다고 하니
눈물이 그렁그렁해진다.
"보민아, 울지 말고 붕어빵이 왜 먹고 싶은지 얘기해 봐."
(그냥 먹고픈 거지 별다른 까닭이 있겠나. 그냥 울음
그치게 하려고 한 말이다.)

"붕어빵 사 먹은 추억이 떠올라서 먹고 싶은 거야."

추억이 떠올라 먹고 싶다니!
깨갱,
당장 사다 바쳤다.

훌쩍거리는 줄만 알았더니, 훌쩍 컸네.

간신히 합격

뭐가 그래 짜증이 나는지 아침부터 보민이가 징징댄다.

"보민아, 짜증 좀 내지 마!"
"엄마! '마'라고 말하지 마!"
"응? 그러면 짜증 내지 않았으면 좋겠어."
"아니, 거기 그거 '않' 이라고도 말하면 안 돼!"

"아… 그럼… 나는 보민이가 웃으며 일어났음 좋겠네."
"…."

합격인가 보다. 어렵다. ㅜㅜ

바람만큼 사랑해

"나는 엄마를 바람만큼 사랑해."

어떤 날은 하늘만큼 땅만큼,
또 어떤 날은 아파트 다 합친 것만큼 사랑한다더니,
오늘은 바람만큼 사랑한단다.
바람만큼이라니!
살랑살랑 봄바람 안 부는 곳이 없는 요즘에 들을 수 있는,
최고의 사랑 고백이다.

고백

"보민아, 이거 뭐라고
적은 거야?"

"아, 그거. '엄마를 사랑해,
살 때까지 살아 보자'라고
쓴 거야."

'살 때까지 살아 보자'라니,
오늘은 비장한 사랑 고백이구나.

세상에서 제일 기쁜 일

"보민이는 세상에서 제일 기쁜 일이 뭐야?"

"엄마가 아직 하늘나라로 안 돌아가고 내 옆에 있는 것.
왜냐면 엄마는 나한테 정말 소중한 엄마거든."

보민이가 좋아하는 백설공주, 신데렐라, 벨 모두
엄마가 일찍 돌아가셨다. 착하고 고운 아이들인데 어째서
엄마가 일찍 돌아가셨는지, 왜 이 아이들이 힘든 일을
겪어야 하는지, 공주들을 생각하면 보민이는 너무 마음이
아프단다.

공주 그림책 읽은 오늘, 내가 살아 있어서 기쁘다는 아이
말에 나도 덩달아 기쁘다. 나는 살아 있다.

엄마도 그랬어?

요새 보민이는 엄청난 청개구리다.

나무 장난감 안에 자꾸 물을 채우길래 그러면 오래 못 쓴다고 하지 말랬더니,

"아, 근데 너무 하고 싶잖아" 하며 나 몰래 자꾸 한다.

포기하고 돌아서는 내 등 뒤에서 보민이가 조용히 묻는다.

"근데 엄마, 물어볼 게 있어."

"뭔데?"

"엄마도 어릴 때 외할머니가 하지 말라고 한 거 나처럼 계속하고 싶었어?"

"어? 그, 그랬지."

참 나도 별 수 없다. 나도 여전히 우리 엄마 말 잘 안 들으면서, 보민이한테는 내가 못하는 것을 시키고 있다. 아무렇게나 가지고 놀라고 산 장난감을 두고 뭔 짓을 하고 있는지. 날도 더운데 쓸데없는 짓 그만해야지.

고마운 하늘

오랜만에 셋이서 놀이터에 갔다. 자꾸 위험하게
미끄럼틀에 매달리는 보민이를 보고, 남편과 내가 동시에
야단을 치니 금세 보민이 눈에 눈물이 고인다. 눈물이
그렁그렁해선, 보민이가 미끄럼틀 위에 누우며 말한다.

"엄마도 안 보고 싶고, 아빠도 안 보고 싶다. 힝, 하늘이나
봐야겠다."

한참 하늘만 보고 누웠다 일어선 보민이 얼굴을 보니,
어느새 눈물이 다 말라 사라졌다. 대신, 샐쭉 웃는 눈만
남아 있다.
보민이 눈물을 말려 준 하늘, 참 고맙다.

착한 소원

날마다 보민이와 집 근처 법기 수원지에 간다.

운전 연습도 하고 보민이 아토피 치료에도 도움이 될 거
같아 출근 도장을 찍고 있다.

오늘도 여느 때처럼 둘이 나무 의자에 앉아 노는데,
보민이가 노래를 흥얼거린다.

나무 할아버지, 안녕하세요.

내 소원 좀 들어주세요.

나쁜 소원 말고 착한 소원만

내 소원 좀 들어주세요.

보민이 노래를 들으며 생각한다.

보민이가 씻은 듯이 낫게 해 달라는 내 소원은 착한
소원일까, 나쁜 소원일까?

아마도 착한 소원은 없는 것을 달라고 조르는 건 아닐

게다. 내게 주어진 것을 불평 없이 고맙게 받아들일 수 있게
해 달라, 이런 게 착한 소원이 아닐까.

우리를 둘러싼 수많은 나무 할아버지가 지켜보는 가운데,
나의 '착한 소원'이 힘차게 달리고 있다.

내가 모르는 시간

   보민이에게 규칙적인 운동이 필요하다는 한의사 선생님 조언 따라 요새 보민이는 일주일에 세 번, 한 시간씩 집 앞에 있는 태권도 학원에 간다. 문화센터도 어린이집도 다녀 본 적이 없어서, 그동안 나는 보민이의 모든 시간을 잘 알고 있었다. 그런데 태권도에 다니기 시작하면서 내가 모르는 보민이의 시간이 생겼다.

   "엄마, 태권도에서 소영이 언니라는 언니를 만났는데, 나한테 정말 잘해 줘."

   "엄마, 오늘은 경비 아저씨들한테 우리가 음료수를 한 병씩 드렸어. 사범님이 그러는데 경비 아저씨는 참 고마운 사람이래."

   "엄마, 사범님이 그러는데 잘할 수 있다는 자기 마음을 믿어야 하는 거래. 그럼 다 할 수 있대."

보민이 곁에 가만히 앉아, 내가 모르는 시간을 듣는다.
이야기해 달라 조르지 않아도, 종알종알 전해 주는 모습이
참 고맙다.

커 갈수록 내가 아는 시간보다, 너만 아는 시간이 더
늘어나겠지. 그때도 지금처럼 그저 고마운 마음으로 네
이야기를 들을 수 있으면 좋겠다.

참 무거웠겠다

잠결에 보민이가 날 꼭 껴안고 말한다.
"엄마, 오늘 일하러 가는 날이야?"
"아니, 일요일이라 안 가."
"우아, 진짜 좋다. 오늘은 엄마랑 계속 계속 놀 수 있겠네."

보민이는 '김구민' 앞에 아무것도 붙이지 않는다.
곁에 있기만 하면 있는 그대로 사랑해 준다.
그동안 내가 '김보민' 앞에 붙인 것들이 생각나
부끄럽고 미안하다.

건강한 보민이, 수줍어하지 않는 보민이, 남들처럼
유치원 갔으면 좋겠는 보민이, 울지 않는 보민이, 씩씩한
보민이, 잘 자는 보민이….

참 무거웠겠다, 우리 김보민.

지금, 여기에서

'왜 우리에게 이런 일이? 내가 무슨 잘못을 했길래.'

갑작스레 아이에게 아토피가 생긴 뒤, 한 해 내내 나는 이 생각에서 벗어날 수 없었다.

나에게 보민이 아토피는 형벌이었다. 고작 1mm도 안 되는 얇은 피부에서 일어나는 일에 모든 것이 흔들렸다. 밤잠을 제대로 못 자고 피와 진물을 흘리며 괴로워하는 아이 앞에서 나는 지난 모든 일을 돌아보고 돌아봤다. 내가 무얼 잘못해서 이런 일이 생겼을까, 만약 내가 무얼 잘못했다면 왜 하필 죄 없는 아이에게 이런 일이 생긴 걸까. 보민이 아토피는 늘 내 마음에 자리 잡고 있던 죄책감을 송두리째 끌어올려 나를 몰아갔다. 어떤 새벽에는 같이 울부짖다 아이가 잠깐 잠든 사이, 그만 모든 것을 포기하고 싶은 생각이 들었다. 내가 사라지면 누군가는 아이를 어떻게든 치료해 줄 거라는, 지금 생각하면 아찔할 정도로 바보 같은 생각에 사로잡히기도 했다. 지금껏 살면서 열심히 노력하면 안 되는 일이 거의 없었는데, 보민이 아토피는 그렇지 않았다. 내가 할 수 있는 게 울면서 기다리는 일 말고는 없다는 것이 너무 무력해서 화가 났다. 엄마라면서 고작 할 수 있는 일이 아픈 아이를 지켜보는 일뿐이라니.

길을 나서면 걸음마다 사람들이 아이 얼굴을 보고 입을 댔다. 쯧쯧, 혀를 차는 사람도 있고, 징그럽다고 손가락질하는 사람도 있었다. 사람들이야 이렇게도 저렇게도 할 수 있다지만, 나를 정말 못 견디게 만든 건 바로 엄마라는 내 태도였다. 사람들 한마디 한마디에 정신을 못 차리고 방황했다. 죄책감이 바닥을 치던 어떤 날은 누구에게도 아이를 보이고 싶지 않아 아이 손을 잡아끌어 등 뒤로 숨겼다. 이전에도 남의 시선을 참 많이 신경 쓰며 살았지만, 나도 내가 이 정도일 줄은 몰랐다. 보민이 아토피는 시간이 가면 갈수록 나를 벗기고 또 벗겨서 내 속에 있는 온갖 감정들을 내 눈앞에 던져 놓았다. 아이 아토피 상처보다 더 험한 꼴을 하고 나는 하루하루를 견뎠다.

그러다 여섯 달 만에 보민이 아토피가 조금씩 나아지기 시작했다. 그런데 보민이 상태보다 더 놀라운 건 내 마음이었다. 정말 기쁜 일인데도 기쁜 마음만큼, 아니 그보다 더 큰 두려움이 몰려왔다. 진짜 나은 걸까, 정말 여기에서 끝인 걸까, 또 심해지면 어떡하나, 그땐 우리 모두 더 실망하고 좌절할 텐데. 그때서야 진짜 문제는 보민이 아토피가 아니란 걸 알았다.

좋은 일, 행복한 일이 생길 때도 습관처럼 불안해하고 두려워하는 내 모습이 그제야 조금씩 보이기 시작했다. 시험에 합격했을 때도, 사랑하는 사람을 만나 결혼했을 때도, 건강한 아이를 낳았을 때도 나는 늘 행복하면서도 마음 한구석에 불안을 품고 있었다.

'내가 이렇게 행복해도 되는 걸까. 뭔가 큰 불행이 나를 기다리고 있는 건 아닐까.'

왜 이런 생각을 했는지 모르겠지만, 돌이켜 보면 나는 늘 무슨 일이 일어날까 두려워하고 있었다.

보민이 아토피 앞에서도 여지없이 솟아오르는 두려움을 끊으려 온 힘을 다했다. 하지만 좀 나아지면 기뻐하고 좀 심해지면 괴로워하기를 되풀이하는 일 자체가, 지금 생각해 보면 괴로움 그 자체였다. 행복한 순간이 오면 그걸 놓치고 싶지 않아 더 집착했기에, 상황이 조금이라도 변하면 그렇게 괴로울 수가 없었다. 그래서 행복은 괴로운 시간의 전제였고, 괴로운 시간을 거름 삼아 행복한 시간이 주어졌다. 이런 괴로움의 절정이 올해 겨울이었다.

우리가 선택한 치료법으로 아토피를 치료한 아이들은 대부분 치료를 시작하고 처음 맞는 겨울을 힘들게 보내지만 두 해 정도 안에는 거의 완치된다고 했다. 그래서 어느 정도 각오는 하고 있었지만, 가을 들어 심해지기 시작한 아토피는 겨울이 되자 마치 처음으로 돌아간 것처럼 나빠졌다. 가려움과 상처가 온몸으로 순식간에 퍼지면서 다시 보민이는 밤에 한숨도 자지 못했다. 항히스타민제를 먹은 날 잠깐은 괜찮았지만, 그때뿐이었다. 어느 밤엔 세 식구가 못 견디고 다 같이 울었는데, 남편이 흐느끼며 말했다.

"내가 뭘 그리 잘못했길래."

순간 정신이 번쩍 들었다. 남편도 이 시간을 형벌이라 여기고 견뎠구나. 한 해 내내 누구보다 잘해 왔던, 아니 잘해 온 것처럼 보였던 남편도 그저 꾸역꾸역 견디고 있었구나. 그러고 보니 요새 들어 남편은 아이를 보고 잘 웃지도 않고, 건강했던 아이 사진을 보고 몰래 눈물짓기도 했다. 나와 다를 바 없는 남편의 눈물을 보니, 보민이에게 지금 우리의 눈물은 하나도 도움이 안 되겠다 싶었다.

그래서 무턱대고 짐을 싸서 보민이랑 단둘이 오키나와로 떠났다. 보민이에게 봄을 한 달 앞당겨 주겠다는 이유로 떠났지만, 진짜 봄이 필요한 건 남편과 나였다.

예상했던 대로 아이와 둘이서만 보내는 3주는 힘겨웠다. 거기다 따뜻한 날씨를 기대하고 간 게 무색할 정도로 반이 넘는 시간 동안 우리는 세찬 비바람에 둘러싸여 햇빛을 제대로 못 쬐었다. 아이 상태는 별로 나아진 게 없는 듯했고, 말 한마디 통하지 않는 오키나와 시골 집에서 나는 그 어떤 시간보다도 괴로운 밤을 보냈다. '병고를 약으로 삼으라'는 〈보왕삼매론〉을 읽고 또 읽으며 형벌 같은 시간을 견디던 어떤 밤, 문득 그런 생각이 들었다.

내가 무얼 잘못해 이런 일이 생겼다는 생각 자체가 참 오만하구나. 왜 나에게는 이런 일이 생기면 안 되는 건가. 내가 뭐가 그리 특별해서 이런 일이 생기면 안 되는 건가. 울고 화내고 자책하고 괴로워하는 건 쉬운 일 가운데서도 가장 쉬운 일인데, 내가 이것만 하고 있구나. 내 걱정과 두려움이 아이는 물론이고 무엇보다 나를 험하게 할퀴고 물어뜯는 걸 밤마다 지켜보며 이제 정말로 그만해야겠다는 생각이 들었다.

보민이는 오키나와로 떠나기 3주 전과 크게 다를 바

없는 상태로 집으로 돌아왔다. 하지만 나는 좀 가벼워졌다. 보민이 아토피는 우리가 뭘 잘못해서 받은 벌이 아니라, 그냥 누구에게나 일어날 수 있는 일이다. 우리도 그저 그 '누구' 가운데 하나에 불과하다. 그리고 아토피가 낫는다고 해서 내 불안과 두려움이 사라지진 않을 거라는 걸 인정하기로 했다. 내가 풀어내야 하는 건 보민이 아토피가 아니라 내 마음속 깊이 자리 잡은 두려움이다.

아직 명확하게 무언가 해결된 건 아니지만, 불쑥 과거가 나를 괴롭히고 미래가 나를 두렵게 할 때 나는 이제 전보다 빨리 멈추어 지금, 여기 내 모습을 지켜본다. 보민이 덕분에 내 병을 바라본다. '지금, 여기'를 약으로 삼고 아이와 같이 나아가고 싶다.

내가 모르는 너의 시간

여섯 살

첫 학부모

3월부터 보민이는 집 앞 유치원에 다니기로 했다. 잠깐 다닌 태권도 학원 말고는 처음 가는 기관이라 보민이보다 내가 더 긴장했다. 입학까지 아직 두 달이나 남았는데, 벌써 나는 보민이가 유치원에서 필요한 것을 하나, 둘 장만하고 있다.

오늘은 보민이가 그린 그림으로 어린이용 앞치마와 미술용 토시를 만들었다. 첫 책가방, 첫 도시락, 첫 물병, 첫 앞치마…. '첫' 물건마다 보민이만의 이야기를 담아 주고 싶다.

나도 곧 '첫' 학부모가 된다.

우리는 씨앗

텔레비전에서 왕도마뱀이 악어 알 훔쳐 가는 걸 보민이랑 같이 봤다. 알을 지키지 못한 악어가 허망하게 입만 벌리고 있다. 가만 보던 보민이가 묻는다.

"엄마, 나도 태어나기 전엔 알이었어?"
"아니, 보민인 지금처럼 생겼는데 크기만 작았어. 요만한 아기가 내 배 안에 있었지."

"아. 그럼 난 씨앗이었구나!"

그렇네! 듣고 보니 우리 모두는 씨앗이었다.
온 세상 모든 것들이 어린 시절엔 다 씨앗이었네!

너의 시간, 우리의 시간

어머니 말씀에 따르면 보민이 아빠는 여덟 살이 될
때까지 바닥에 앉은 적이 없다고 한다. 어머니 무릎이
보민이 아빠 의자였단다. 제 아비의 피를 이어받은 보민이
역시, 오늘도 아빠 무릎에서 떠날 줄 모른다. 아빠 의자가
움직이는 대로 졸졸 따라가며 앉는다.

보민 아빠가 아이를 무릎에 앉힐 수 있는 시간은 앞으로
얼마나 더 있을까. 보민이가 아빠 무릎에 기꺼이 앉으려는
시간은 또 얼마나 남아 있을까.

부디 이 두 시간이 잘 맞아 떨어지길,
둘 가운데 어느 누구도 먼저 서운해하지 않길.

보민이 붕어빵

몇 발 걷다 멈춰
한 입
몇 발 걷다 또 멈춰
또 한 입
볼도 손도 붕어빵도
다 얼 것 같다.

너무 춥다,
걸어가며 빨리 먹어,
먹으면서 빨리 걸어.

엄마 어떻게 그렇게 해?
난 그게 안 돼.

그게 되는 내가 먹는 건
팥 범벅 밀가루 반죽 덩어리
그게 안 되는 네가 먹는 건
바삭하고 달콤한 붕어빵.

맛있겠다, 보민이 붕어빵.

토닥, 토닥

유치원 입학식 날, 여러 아이 가운데 보민이가 제일
작고 어려 보인다. 거기다 긴장한 보민이는 아토피가 있는
손목과 볼을 연신 긁어 댄다.

보민이를 단단하게 심어 보겠다고 찾아온 유치원인데,
불안한 마음에 입학식 내내 몇 번이나 보민이 씨앗의 흙을
걷었는지 모른다.

'괜히 올해 보낸다고 했나? 아토피는 괜찮을까?
동무들이랑 잘 어울릴 수 있을까?'

못 미더운 눈으로 아이 손을 놓지 못하고 유치원 마당을
서성였다. 그때 보민이가 내 손을 놓는가 싶더니, 어느새 큰
미끄럼틀 꼭대기에 올라가 신난 목소리로 외쳤다.

"엄마! 나 이제 여기 놀이터 아무 때나 와서 놀아도
되겠네, 우리 유치원이니까. 진짜 좋다!"

두 눈을 꾹 감고 보민이 힘찬 목소리를 듣는다. 숨 한 번 크게 쉬고, 이젠 비어 있는 내 손을 가슴 위로 가져갔다. 보민이 씨앗 위 흙을 덮는 마음으로 가슴을 토닥였다.

잘 자라라, 잘 자라라.

토닥, 토닥.

당부

선생님이랑 상담하러 유치원 간다 하니 보민이가 날
붙잡고 당부한다.

엄마,
꼭 집에서 미리 오줌 누고 가.
물도 적게 마시고.
우리 유치원엔
아기 변기밖에 없어.
엄마가 쓸 만한 게 없어.

첫 상담 앞두고 이런저런 생각 많던 내게 꼭 필요한
당부다.
오줌이나 미리 누고 가자!

김구민 O

보민이가 남편에게 버릇없이 말하길래,
"김보민, 아빠한테 예쁘게 다시 말해!"
목소리 높였더니
금세 눈물이 그렁그렁해서는 종이에 무얼 쓴다.

"엄마가 미워서 썼어" 하며 내민 종이에는,
'김구민 X'가 커다랗게 적혀 있다.

서로 마음 푼 뒤, 자기 전 다시 들고 온 종이에는
'김구민 O'

O, X의 쓰임을 제대로 알고 있구나.

복수

차 안에서 보민이랑 말다툼을 했다.

잠시 후 차에서 내릴 때 보민이가 뜬금없이 "비 내렸음 좋겠다" 한다.

"왜? 너무 더워서?"

"아니, 비 오면 밭에 가서 발에 흙 묻혀서 엄마 차 더러워지게 하게."

헉! 늘 예쁜 말만 쏟아 내던 보민이가 달라지고 있다. 무서워라.

척 위에 척

남편이랑 다툰 날,
보민에게 안 들키려
아무 일도 없는 척한다.

책상 위 결혼사진 앞에서
보민이가 묻는다.
"저 때는 저래 손도 잡고 웃고 있으면서
지금은 왜 서로 싸우는 거야?"
"우리가 언제 싸웠대?"
안 싸운 척 시치미 뗀다.
"아, 내 말은 실수야 실수."
보민이도 모른 척한다.

안 그런 척 위에
모른 척이 떡하니 서 있다.

피곤한 까닭

가을 소풍 다녀와서 피곤하다길래
'먼 데 다녀와 그렇구나' 했더니 아니란다.

"오늘 유치원에서 바깥 놀이 안 해서 너무 피곤해."

늘 하던 바깥 놀이를 못 해서,
놀고 싶은 대로 못 놀아서 피곤하단다.
사람이 하고 싶은 걸 못 하면 피곤하지, 암!

보여 주고 싶은 햇살

"엄마, 아빠! 내 방에 빨리 와 봐!
보여 줄 게 있어!"

숨차도록 급히 우릴 부른다.
뭔 일인가 싶어 남편이랑 가 보니,

"내 방에 햇빛이 들어오고 있어! 아, 좋다!"

너무 이쁘다며 햇빛이랑 자기랑 사진 찍어 달란다.

그러게, 참 좋은 가을 아침 햇살이다.

엄마가 젊으면 좋겠어

"엄마는 늙어, 아님 젊어?"

"난… 젊었지만 점점 늙어 가지."

"엄마가 젊으면 좋겠다, 계속."

언젠가 잠들기 전, 자기 크리스마스 소원은 엄마가 죽지 않고 지금처럼 곁에 있는 거라고, 자기는 영원히 엄마랑 살 거라고 했다. 아이랑 살면, 가는 세월 더 빨리 가는 듯한 기분인데, 그 아이는 요새 자꾸 그 세월 붙잡아 보란다. 가는 세월 붙잡아 매어 놓는 방법이 뭐가 있겠나. 이래 적어 두고, 틈나는 대로 뒤돌아보고, 반성과 후회는 짧게! 다시 새 마음으로 오늘의 보민이를 만나는 것밖에 없다.

분에 넘치는 사랑

루시드폴 노래 가운데 '물이 되는 꿈'이란 노래가 있다.

유치원 마치고 돌아오는 차 안에서 이 노래를 듣는데
보민이가 그런다.

"뭐? 물이 되는 꿈? 푸하하, 웃긴다."

"왜? 나는 가끔 꾸는데? 보민인 뭐 되고 싶은 거 없나?
나는 하늘이 되는 꿈도 가끔 꾸는데."

"그럼 난, 무지개가 되는 꿈. 내가 무지개면 하늘인
엄마랑 언제나 같이 있겠네. 좋다!"

어젯밤에도 잠깐 이웃집에 다녀오겠다는데 굳이
따라가겠다며 고집 피우더니 돌아오는 길, 나를 꼭 안으며
속삭인다.

"엄마, 우린 진짜 친한 동무야. 같이 있어서 너무 좋아."

분에 넘치는 사랑 받으며 산다, 나는.

엄마 길들이기

"보민아, 구두 벗고 양말 신어라."

"엄마, 양말 들고 가서 나중에 신으면 안 될까? 제발."

"엥? 구두는 불편해서 안 돼. 우리 뛰어놀려고 나가잖아, 운동화 신어."

"엄마, 일단 구두 신고 갔다가 차에서 내리기 전에 운동화로 바꿔 신으면 안 될까? 제발."

"음, 그럼 나중에 양말 신고 운동화 신기다."

"당연하지!"

결국 제 뜻대로 맨발에 구두 신고 외출하는 김보민, 아가씨 같다고 좋아하며 집을 나선다. 나는 양말과 운동화를 들고 그 뒤를 따른다.

'보민이만 같으면 열 명도 키우겠어요.' 따위의 칭찬을 듣던 예전의 보민이는 이제 없다. 대신, 말 잘 듣는 엄마 하나가 나날이 고분고분 길들고 있다.

이미 김보민

내가 무얼 욕심내든
너는
이미 김보민
있는 그대로
이미 김보민

보민이가 글씨 연습하던 종이 가운데서 '이미
김보민'이라 적힌 종이를 발견했다.
  이제 겨우 여섯 살인 아이를 두고, 이것저것 얼마나
욕심내었나? 건강하길, 배려심이 깊길, 밝고 명랑하길,
씩씩하길, 예의 바르길….
  이런 내게 보란 듯이 보민이가 짧고 굵게 일러 준다.
  '이미, 김보민'
  무얼 하려던 손을 거두게 만드는 강한 한마디.

나도 다 알아

요 며칠 너무 바빴다. 유치원 마치는 시간에 가서 보민이를 데리고 다시 일터로 갔다가 퇴근하는 날이 잦았다. 남편도 요새 바빠서 이른바 독박 육아 중이다.

오늘도 일 마치고 피곤한 몸으로 겨우 보민이를 먹이고 씻겼는데, 보민이가 젖은 알몸으로 욕실에서 달려 나간다. 나도 모르게 짜증이 나 소리쳤다.

"김보민, 난 보민이가 이럴 때 정말 싫어!"

순간, 멈춰 선 보민이가 뒤돌아보며 말한다.

"엄마, 아빠가 없어서 그러는 거지?"

뭔 말이냐 물으니 자기가 가만 봤는데, 아빠가 늦을 때마다 내가 짜증을 낸단다.

속이 뜨끔했지만, 아니라 얼버무렸다.

나는 이제 보민이에게 아무것도 숨길 수가 없다.
숨긴다고 속지도 않고. 이제 보민이는 나보다 더 내 마음을
잘 안다.

예쁜 말

오늘은 보민이가 소풍 가는 날이다. 출근 준비하랴 보민이 도시락 챙기랴 정신이 없다. 겨우 다 챙기고 보민이 마스크를 찾는데 안 보인다. 몇 개나 사 뒀는데 다 어디 갔는지 모르겠다. 결국 못 찾고 예전에 사 두었던 작은 마스크를 씌웠다. 그런데 보민이는 마스크가 너무 작다고 잉잉거린다. 늦어서 어쩔 수 없다며 신발 신으랬더니, 뒤에서 계속 짜증이다. 나도 모르게 그만 버럭 소리치고 말았다.

"그러면 유치원 가지 말고 마스크 찾자! 마스크 찾아서 엄마 일하는 데 같이 가자!"

'마스크가 작아서 불편하지? 유치원 다녀와서 다시 원래 보민이 것 찾아보자. 너무 불편하면 오늘 하루는 안 껴도 괜찮아.'

178

내가 말했으면 좋았을 정답이 순간 머리를 스쳐 지나가지만 이미 늦었다. 내 큰 목소리에 보민이가 눈물을 뚝뚝 흘리며 내 옷깃을 잡는다.

"엄마, 제발 예쁜 말로 해. 다시 예쁜 말로 해 줘."

서럽게 울면서도, 내게 정답 말할 기회를 준다. 이런 게 예쁜 말 아니겠나.

"아, 보민아. 미안해. 내가 잘못 말했어. 너무 바빠서 그랬어. 미안, 미안해."

예쁜 말로 다시 말했더니 그제야 내 품에 안겨서 못다 운 울음을 토해 낸다. 고맙고 미안해서 안고, 안고, 또 안아 줬다.

그래서 출근은 늦었지만, 내 진심은 보민이에게 늦지 않게 전했다.

내 마음이 조금이라도 흔들리는 게 보이면, 눈물 많고 마음 약한 보민이는 눈물방울을 뚝뚝 떨군다. 한때는 잘 우는 게 걱정스러웠는데, 요새는 보민이 눈물만큼 나를 잘 일깨워 주는 게 없다. 오늘도 울어 줘서 고맙다, 울보, 보민.

입술 잡힌 날

며칠 전 아침, 간밤에 잠을 설친 보민이는 8시가 다 되어 가는데도 일어나질 않았다. 같이 잠을 설친 나는 신경이 예민해져 있었다. 억지로 보민이를 깨워 밥 먹이고 빨리 챙긴다고 챙겼는데도 어느새 8시 10분, 급한 내 마음을 알 리 없는 보민이는 그 와중에 또 그림을 그리기 시작한다.

"보민아, 늦었다. 빨리 챙겨서 가자 좀!"

"잠시만, 이거만 하고."

그림 그리는 아이 입에 약이 든 컵을 갖다 대고 한 모금씩 먹이다가 나는 그만 폭발하고 말았다.

"김보민, 좀! 나 지금 나가서 유치원 들렀다 가면 지각이란 말이다! 나는 딱 40분까지 안 가면 혼난다고! 아까부터 내가 빨리 약 먹으라 했잖아! 지금 15분이 넘었는데 빨리 좀 해!"

보민이 눈가가 붉어진다. 그만해야지, 그만하고 싶다 생각했지만 한번 터진 화를 멈출 수가 없다.

"아침마다 이게 뭐고? 아빠도 늦어서 아까 나가고. 내 혼자 이게 뭐고 진짜! 맨날 내만 지각하고, 보민이 니 진짜 너무, 읍!!!"

보민이 작은 손이 내 입술을 꼭 잡는다. 몇 마디 더 하려는데 어찌나 꼭 잡고 있는지 입이 안 벌어진다. 내가 멈출 때까지 내 입술을 꼭 잡고 있는 보민이 눈에서 동글동글한 눈물방울이 똑똑 떨어진다. 뱉어 내고서 분명 후회했을 수많은 말들이 내 입술에서 보민이 손을 타고 보민이 눈가로 들어가 방울방울 흘러내리고 있다.

"뭐⋯안."

잡힌 입술 사이로 꼭 해야 할 말만 나오자 그제야 보민이가 입술을 풀어 줬다.

벌겋게 부어오른 입술로 바알갛게 물든 보민이 눈두덩이에 입 맞추며 진심으로 다시 사과했다.

미. 안.

181

몰라서 더 좋다

밤에 자려고 나란히 누우면
보민이가 묻는다.
"엄마, 오늘 뭐 재미난 일 없었어?"
누구누구가 어쨌다고 이야기 들려주면
그 이모는 어떻게 생겼냐, 뭘 좋아하냐
묻고 또 묻는다.

"보민이는 유치원에서 오늘 뭐 하고 놀았어?"
"창훈이가 에, 에~ 이렇게 울고
민찬이가 참 귀엽게 말해.
예나랑 기범이랑 레이저 놀이도 했어."
그게 뭔 놀인지, 어떻게 귀엽게 말했는지
나도 묻고 또 묻는다.

잘 모르는 서로의 시간을

묻고 또 묻는다.

더 알고 싶어 자꾸 묻는다.

몰라서 더 좋다.

사랑에 빠진 건가

오늘 권혁빈 형아를
바깥 놀이 할 때 봤는데
그 형아가 혁빈이 얼굴을
요래요래 두 손으로 만져 주는 거야.
바깥 놀이 다 하고 들어가는데
혁빈이가 형아 보고 싶다며 울었어.
엄마, 혁빈이는 사랑에 빠진 건가?

세상에나, 그랬단 말야?
사실 나도 사랑에 빠졌는데!
보민이 양 볼을 쓰다듬고 쓰다듬는다.
보민이도 날 따라 내 볼을 만져 준다.

우리 모두 사랑에 빠진 건가?

비밀

엄마, 비밀인데 아빠한테는 내일 말해 줘.

오늘 소풍 갔다 오는 길에

태백반 친구가 차에서 토했어.

근데 토한 게 갈색이었어, 난 옆에 아니었지만.

왜 갈색인 줄 알아?

소풍 때 개가 초콜릿 과자를 많이 먹었거든.

근데 왜 비밀이야?

그냥 이 이야기는 비밀로 하고 싶어져.

보민이는 유치원에서 거의 말이 없다고 한다. 하지만 늘
동무들을 지켜보고 와서 우리에게 이야기를 들려준다. 왠지
모르지만 이 이야긴 비밀이어야 할 것 같다는 보민이 말에
한참 쓰다듬어 주었다.

그 신기한 세상

엄마가 준 밤을 삶아 까서 보민이 입에 넣어 준다.
보민이 외할머니와 외할머니의 엄마, 또 그 엄마의 엄마들
이야기를 보민이에게 들려줬다. 가만 듣던 보민이가 입을
오물거리며 묻는다.

"엄마, 저 끝에 있는 엄마도 엄마가 있어?"

"그럼, 세상에 엄마 없는 사람은 없지. 나도 엄마가 있고
아빠도 엄마가 있고 할머니도 엄마가 있고 보민이 동무들도
다 엄마가 있어. 엄마의 엄마의 엄마의 엄마의….."

"와, 어떻게 계속 엄마가 있을 수 있지? 그럼 세상에
사람이 몇 명이나 있는 거야?"

엄마는 아이를 낳고, 그 아이가 자라 엄마가 되고, 다시
엄마는 아이를 낳고, 그 아이는 자라 또 엄마가 되고….
정말 입이 떡 벌어지는 일이다. 우리가 그 신기한 세상에
살고 있다.

사랑해요, 김구민

아직 한글을 모르는 보민이는
요새 글자를 따라 그리는
재미에 푹 빠졌다.
책상에 엎드려 한참 뭔가를 쓰더니
내게 와 웃으며 종이 한 장을 내민다.
보민이가 종이에 쓴 건,
'사랑해요, 엄마'가 아니라
'사랑해요, 김구민'이었다.
부모, 자식이 아니라
사람과 사람으로
마주 보고 서 있는
보민이와 내가 보인다.
첫 만남처럼 설렌다.

반가워요, 김보민.

일곱 살은 근사하다

근사한 일곱 살

아침마다 고심 끝에 옷을 고르고,
그 옷에 어울리는 머리로 묶어 달란다.
그리고 엘리베이터가 우리 집까지 올라올 동안
출근하는 나를 세워 두고,
여러 가지 표정과 자세로
자기가 얼마나 어여쁜지 보여 준다.

일곱 살은,
생각했던 것보다
훨씬 더 근사하다.

촛불 일곱 개

오늘 유치원 생일식에 가서

보민이가 초에 불 붙이는 걸 가만 보았나.

하나, 둘, 셋… 일곱 개의 초에 불이 붙었다.

그저 고마운 마음만 왈칵 올라왔다.

네가 일곱 해 동안

이 초들처럼

천천히

잔잔하게

우리 삶을 밝혀 줬구나.

고맙다, 고맙다. 참말 고맙다.

첫사랑

"보민아 기억나? 우리 작년 봄에 벚나무 아래에서 꽃잎
잡는다고 막 뛰어다녔잖아. 바람 쌩쌩 부는데, 꽃잎 잡으면
첫사랑 이루어진다면서."

"첫사랑이 뭔데?"

"누군가와 처음 사랑에 빠지는 거."

"…근데 엄마, 그게 두 명이어도 돼?"

순간, 보민이가 종종 얘기하는 같은 반 남자 동무 둘이
생각났다.

"뭐, 둘일 수도 있지만 그중에 먼저 사랑한 사람이
첫사랑이지. 누구 두 명인데?"

"(귓속말로) 엄마, 아빠. 나는 꽃잎 잡았으니까 엄마,
아빠랑 영원히 사랑하며 살 거야."

"(감격하여) 우리 첫사랑도 보민이야."

사랑은… 앞뒤 재지 않고 그 사람이 듣고 싶은 말만 해
주고픈 것인가…^^;

내 몸인데 왜 그래

"보민아, 치마 벗고 편한 옷 입어. 얼른!"

"내 몸인데 엄마가 왜 그래?! 내 맘대로 할 거야."

하루가 다르게 커 간다. 그리고 조금씩 멀어진다.
내 몸이 네 몸이고, 네 몸이 내 몸이던 그때는 이제
사라지고 없구나.

더 사랑하니까

'보민아 오늘 만화 너무 많이 본 거 아니야?"

"아니야. 내가 잘못한 게 아니야. 많이 본다 싶으면
엄마가 '안 돼, 그만 봐야지' 이렇게 말했어야지."

"내가 말했는데 니가 좋아하는 장면까진 봐야 한댔잖아!"

"(씨익 웃으며 내 두 볼을 감싸고 뽀뽀한 뒤) 히히히."

보민이 고 조그만 손바닥 안에서 나는 헤어나오질
못한다. 어쩔 도리가 없다. 더 사랑하니까…ㅜㅜ

선언

"엄마, 나 이제 만화 안 볼 거야!
커서 안경 쓰기 싫거든."

안경 쓴 엄마, 아빠가 불편하고 안되어 보였나?
선언 뒤로 정말, 가끔 보던 〈엄마 까투리〉 만화까지
끊었다.
역시 부모는 살아 있는 교과서인가? 어떤 쪽으로든.

첫날은 사랑하기

"보민, 첫날 학교 가서 언니 오빠들이랑 뭘 하면 좋지?
고민되네."
"아, 걱정 마. 내가 알려 줄게."

내 수첩을 가져가더니 거침없이 개학 첫날 하면 좋은 몇
가지를 써 주며 이대로 하란다.

스티커 붙이기
학교 청소하기
사랑해요

'사랑해요'

정답이구만.

보기 좋아서

"엄마, 라푼젤 엄마가 양배추 먹고 싶다 하니까 아빠가
옆집 마녀 양배추 몰래 뽑다가 결국 들켜서 라푼젤을
뺏겼잖아. 나라면 그렇게 안 할 거야. 일단 쓸 만한 물건을
다 모아서 팔 거야. 그렇게 해서 돈이 좀 생기면 그걸로
슈퍼 가서 양배추 사다 줄 거야."

"아, 그러면 되네! 그걸 라푼젤 아빠가 몰랐구만!"

대답은 했지만….
'애야. 인생이 생각대로만 흘러가면 얼마나 좋겠니?'
이 말을 쓰게 꼴딱 삼켰다.
늘 말하는 대로, 생각하는 대로 즐겁게 사는 네가 보기
좋아서.

잠수말벌

　"잠수말벌도 말벌인 거 알아? 말벌 중에 수영을 할 수 있는 벌이 잠수말벌이야."

　"어? 왜?"

　"잠수할 수 있잖아. 잠수할 줄 알면 수영도 할 수 있잖아. 그래서 '잠수말벌'인 거지!"

　하도 으스대며 말하길래, 모른 척 치켜세워 주었다.

　"와, 보민이는 그런 건 우째 아노?"

　"아! 내가 좀 알지."

　너와 내가 알고 있는 게 다를 땐, 일단 내 것부터 의심해 보기로 했다.

　당연하다 여겼던 게 그렇지 않을지도 모른단 생각을 하면, 세상이 좀 재미나지니까!

따뜻한 돌봄

요새 백설공주에 마음이 쏠린 보민이는,
내가 퇴근해서 지친 몸 이끌고 들어서면,
늘 이래 드레스를 입고 맞아 준다.
환하게 웃으며 안아 주는 보민이 넉넉한 품에서
고단한 일들 씻어 낸다.
누가 누구를 돌보고 있는지.
따뜻한 돌봄이란 이런 거구나, 새삼 새롭다.

마음대로 해 보고 싶은 일

어머님이랑 통화한 뒤, 보민이는 좋은 할머니가 계셔서
진짜 복 받은 거라고 내가 부러워하자, 보민이가 날 가엾게
쳐다보며 묻는다.

"아, 맞다. 엄마 할머니는 돌아가셨지?"

"응, 하지만 아직 외할머니는 계셔. 괜찮아."

"엄마, 근데 엄마랑 아빠는 몇 살까지 살 수 있어?"

"한 팔십? 요샌 백 살 가까이 사는 분도 있더라. 근데
나는 너무 오래 사는 것도 별로일 거 같아."

"(눈시울이 발개지더니) 그래도 나는 엄마 아빠가 내
옆에서 오래오래 같이 살면 좋겠어. 근데 엄마, 그건 엄마
마음대로 할 수 있는 게 아니지?"

곧 울 것 같은 얼굴로 얘기하는 보민이 손을 꼭 잡고,
나도 모르게 건강하게 오래 살아 보겠다고 약속했다.

내일부터 커피도 끊고 스트레스도 끊고 운동도 하면
수명이 좀 늘어날 듯도 하고^^;;;

엄마는 밥

"나는 엄마랑 아빠가 정말 좋아. 엄마는 밥이 맛있어서 좋아."

"아빠는 왜 좋아?"

"아빠는… 엄마, 아빠 좀 멋지지 않아?"

나는 밥이고, 아빠는 멋져서라니!

흑, 나도 멋지게 살 테다!

저도 행복한

지난밤, 잠깐 나갔다 온다는데 굳이 따라가겠다며 보민이가 떼를 쓴다. 정말 잠깐이다, 지금 엄청 춥다, 콧물 나오는데 집에 있어라, 다투다 달래다 옥신각신하다 결국 같이 집을 나섰다.

밤바람이 너무 차가워 보민이 손을 잡고 빠르게 걷는데, 보민이가 잡은 손에 힘을 꽉 주더니 조용히 말한다.

"구민, 미안해. 너무 사랑해서 같이 가고 싶었어."

매서운 밤바람이 보민이 한마디에 봄바람처럼 살랑인다.

또 내가 졌다,
처음부터 이길 수 없는,
저도 행복한,
사랑싸움이다.

조언

"엄마, 화장 좀 해. 그래야 주름이 안 생긴대. 이 화장품들 안 쓸 거면 나중에 나 스무 살 되면 쓰게 잘 모아 두고."

"엄마, 그렇게 마음이 힘들면 그 사람한테 가서 직접 이야기해."

"엄마, 장사가 잘 안 되어서 '임대'를 붙이고 누구 빌려주면 그 사람도 여기서 장사가 안 될 텐데 그래도 될까."

궁금한 것도 많아지고, 자기 생각도 더 야무지게 말하는 보민이. 황당할 때도 있지만, 대부분 맞는 말이라 뭐라 반박할 게 없다.

반대말

"엄마, 반대말 알지?
'작다'의 반대는 '크다'야."

여기까지 듣고, 애가 많이 컸구나, 했다.

"그럼, '엄마'의 반대말은 뭔데?"
"'엄마'의 반대말은 '외할머니'지."
"엥? 그럼 '아빠'의 반대말은 뭔데?"
"당연히 '친할머니'지. '새'의 반대말은 '날개'고."
"어? 보민아, 네가 생각하는 반대말이 뭔데?"
"아, 반대말은 큰 거야. 외할머니가 엄마를 낳고,
친할머니가 아빠를 낳았잖아. 새도 자세히 보면 날개가
새보다 커."

여기까지 다 들은 뒤에야,

얘가 내 생각이 못 미칠 정도로 자랐구나 싶다.

들리는 대로 그냥 주워듣지 않고, 생각하며 듣고 있다.
내 말이 제일 많이 들릴 테니, 나도 이젠 생각하며
말해야겠다.

되로 주고 말로 받고

　오늘 출근은 나 때문에 늦었다. 늦잠을 잔 데다, 차
열쇠를 어디에 뒀는지 기억이 안 나 한참을 찾았다. 찾고
보니 어제 입은 외투 주머니 안에 있었다. 허겁지겁 보민이
손을 이끌고 주차장으로 내려와 차를 탔다. 운전대를
잡으려는 찰나, 보민이가 나를 보며 한마디 한다.

　"엄마, 참 웃기는 사람이네."

　안 그래도 바보 같았던 내 행동에 화가 나 있는데, 보민이
한마디에 그만 터지고 말았다. '어떻게 엄마한테 그런
식으로 말하냐'부터 시작해 '네 말에 나 너무 상처받았다',
'요새 너 왜 그렇게 못된 말을 많이 하냐'로 이어져 결국엔
다음 주 화요일에 가기로 한, 둘만의 여행은 없었던 일로
하자고 못 박았다.
　나도 안다. 나는 치사하다.

내 말에 충격을 받은 보민이는 눈물을 끄억끄억
삼키면서도 말을 이어 나갔다.

"근데 엄마, 어제 내가 슬라임 안 사 줄 거면 핫팩 사 달라
하니까 나보고 왜 상관도 없는 둘을 연결해서 말하냐고
했지? 그러면서 엄마는 지금 왜 상관없는 두 가지 말을
해? 내가 버릇없이 말한 거랑 우리 여행 가는 거랑 무슨
상관이야? 아무 상관도 없잖아!"

앗. 할 말이 없다. 맞는 말만 쏟아 내는 동그랗고 야무진
입술 앞에 절로 고개가 숙어진다.

"그, 그래. 둘은 다른 문제지. 말은 말이고, 여행은
여행이지. 미안해. 내가 잘못했어."

멋쩍어 웃으며 사과하니, 봐준다는 듯 고개를 끄덕인다.

아이구, 혼 좀 내 보려다 호되게 혼났네.

네 몫

껌으로 풍선 부는 법을 보민이에게 가르쳐 주고 있는데, 이게 쉽지가 않다.

"껌을 먼저 잘 씹어서 평평하게 만들어. 그걸 아랫니와 윗니 사이에 걸쳐야 해. 그 사이로 혀를 앞으로 쑥 내밀어. 그리고 혀를 뒤로 빼면서 바람을 불어 넣는 거야. 천천히."

설명도 해 주고, 아주 천천히 풍선껌 부는 모습을 여러 번 보여 줬지만, 보민이는 영 어려운가 보다.

돌이켜 보면 걷는 것, 숟가락질, 젓가락질, 앉아서 오줌 누는 법, 똥 누고 닦는 것까지 어디 말로 가르쳤나. 어찌하는지 보여 준 뒤엔 저 혼자 부단히 연습하는 수밖에 없다.

자라는 동안 익히는 것들은 뭐 하나 얻어걸리거나 공짜인 게 없다.

하다못해 풍선껌 부는 일도.

네 몫이다, 보민.

나는 엄마가 정말 잘되었으면 좋겠어

"보민아, 나는 나중에 할머니 되면 그림책이랑 착한
물건만 파는 문구점 주인이 되고 싶어. 거기선 내가 만든
물건만 팔 거야. 플라스틱 쓰레기는 안 나오는 그런
문구점."

운전하며 옆에 앉은 보민이에게 이야기하니, 보민이가 날
보고 말한다.

"엄마, 나는 엄마가 정말 잘되었으면 좋겠어."

자식 잘되기를 바라는 부모 말고,
나도 보민이처럼
부모 잘되기를 바라는 자식 하고 싶다.

보민이 기대에 부응하기 위해,
나는 정말 잘될 거다.

지금도 충분해

"엄마, 나는 초등학교까지만 다니고 학교 안 다니려고."

"왜?"

"난 지금 우리 '꽃피는 유치원'이 정말 좋은데, 꽃피는 학교는 초등학교까지만 있잖아. 그래서 난 초등학교까지만 다니고 집에서 밥하고 빨래하고 그럴 거야."

"밥이야 농사지어 먹으면 되지만, 옷 한 벌 살라 해도 돈이 필요할 텐데…."

"엄마, 아빠 옷 물려주면 되잖아. 깨끗이 입어서."

"아, 그렇네!"

보민이는 올해부터 '꽃피는 학교'라는 대안학교의 부설 유치원에 다닌다. 내년에 꽃피는 학교에 보낼 생각이다. 공교육 교사인 내가 우리 아이를 대안학교에 보내기로 한 결정을 두고, 다들 그 까닭을 궁금해했다. 거창한 교육관을 기대하고 질문하는 사람도 있었고, 또 어떤 이는 내 아이만

특별한 사립학교에 보내는 걸 두고 교사답지 못하다고
비판했다.

보민이에게 아토피가 없었을 때만 해도 나도
교육관이라는 게 있었다. 자연 친화적이고 창의력이 넘치는
아이로 키워 보리라는 일념으로 여러 대안 교육기관의
문을 두드렸다. 어디서나 모범생으로 살아온 나와
다르게, 보민이는 자유로운 아이로 키울 거라며 공공연히
사람들에게 말하고 다녔다. 이때까지만 해도 내가 바라는
대로 보민이를 키울 수 있다고 믿었다. 내가 앞장서서
보민이를 이끌고 갈 수 있다고 생각했다. 지나고 보니 이때
내 마음가짐은 아이의 미래를 위해 열심히 사교육 문을
두드리는 부모와 크게 다를 바 없었다. 방향만 달랐을 뿐
내가 옳다고 생각하는 삶으로 보민이를 이끄는 태도는,
조기 사교육에 몰두하는 부모의 그것과 매한가지였다.

보민이가 네 살이 될 무렵, 숲 유치원 입학을 앞두고
보민이에게 아토피가 찾아왔다. 명확한 치료법을 찾지
못하고, 나타나는 증상을 막는 데 급급하는 일상이
이어졌다. 멀리 내다보고 세웠던 교육관은 빛 좋은
개살구에 불과했다. 유치원에서 하는 훌륭한 프로그램들은
보민이의 예민한 몸으로는 감당하기 어려운 것이 되어 두어

번 나가고 그만둬야 했다.

우리에게는 당장 오늘 밤 보민이가 편안히 잘 수 있는가, 눈앞의 약과 음식이 아이에게 맞을지 안 맞을지가 중요한 문제였다. 검사에서는 별 이상이 없었는데, 보민이 몸 상태에 따라 그때그때 달라지는 알레르기 반응 때문에 날마다 세심히 보민이를 살펴야 했다.

이때부터였나 보다. 멀리 보던 눈을 거두고 지금, 여기만 봐야 했던 때가. 불행하다 느끼는 지금 여기였기에 내 마음은 줄곧 미래나 과거에 머물고 싶어 했다. 하지만, 존재하지 않는 미래나 과거에 매여서는 도저히 지금의 보민이와 같이 살 수 없었다. 이 아이와 제대로 살려면 눈앞의 아이만을 이정표 삼아 걸어가야 했다.

여러 차례 방황한 끝에 겨우 지금의 보민이에게 눈을 돌리니, 처음에는 환경에 따라 달라지는 보민이 몸이 먼저 눈에 들어왔다. 그러다 점차 아이 몸 너머에 있는 마음도 보이기 시작했다. 보민이 마음은 나와 완전히 달랐다. 늘 보민이 몸에 묶여 있는 내 마음과 다르게, 보민이는 날마다 자기 몸과 새로이 만나고 있었다. 어제의 상처로 괴로워하거나, 내일 생길 상처를 두려워하는 법이 없었다. 지금 좀 간지러울 뿐, 그뿐이었다. 지금, 여기를 살아가는 보민이를 잘 보고 따라가는 일, '교육관'이라는 건 이런 걸 말하는 게 아닐까.

보면 볼수록 아이는 내 마음대로 키울 수 있는 존재가 아니었다. 내가 할 수 있는 일은 그저 아이를 잘 보고 잘 듣는 일, 그것만으로 충분, 아니 그것만이 유일한 일이었다.

날마다 새로운 보민이를 '발견'하기 위해서는, 우리 식구 모두에게 충분한 시간과 공간의 장이 필요했다. 보민이만이 아닌, 우리 식구를 위한 학교를 찾는 마음으로, 아이 학교를 알아보았다. 낯가림이 심한 보민이가 사람 말고도 기댈 수 있는 생명이 많은 학교, 아이 몸에 부담 없는 먹거리를 줄 수 있는 학교, 아토피 치료로 성장이 더디고 체력도 약한 보민이가 쉴 수 있는 시간을 충분히 줄 수 있는 학교, 아픈 몸이 불편할 수는 있지만 부족한 것은 아님을 가르쳐 주는 학교, 그리고 무엇보다 '여기'에 있는 학교를 찾았다. 우리 마을에 사는 동안 무엇보다 좋았던 것은 외동인 보민이 둘레에 언니, 오빠, 이모, 삼촌이 생긴 일이었다. 마을과 학교가 이어져서 이 관계를 쭉 이어 갔으면 싶었다. 그렇게 인연이 닿은 학교가 바로, 지금 보민이가 다니는 꽃피는 학교다.

보민이는 어쩌면 꽃피는 학교에서 꽃을 채 피우지 못할지도 모른다. 학교를 다니다 힘겨워 그만둘 수도

있을 테고, 졸업할 때까지 아토피가 남아 있거나 제일
작은 아이일지도 모르겠다. 그래도 나는 이제 괜찮다고
생각한다. 그리고 보민이도 스스로 괜찮았으면 좋겠다.
지금, 여기에 없는 꽃을 향해 애쓰기보다, 천천히 돋아나는
작은 잎을 소중히 여기고 잘 돌보며 살았으면 좋겠다.
그저 지금, 여기에서 충분하다고 스스로 말할 수 있다면,
참 고맙겠다.

네 몫이다, 김보민

여덟 살

다시 봄

"엄마, 12월 31일에서 하루 지난 건데 왜 1월 1일이 되면 2019년에서 2020년으로 바뀌는 거야?"

"아, 그건 1년이 365일이라 말이지."

태양과 지구가 어쩌고저쩌고 아는 척하며 설명해 줬는데, 그건 또 왜 그런 거냐 물으니 말문이 막힌다. 남편이 덧붙여 설명하려 들길래, 보민이가 지금은 이해 못 할 거라고 관두라 했다. 그랬더니 보민이가 발끈하며 말한다.

"치, 나도 알아! 그러니까 다시 봄이 온다는 말이잖아."

아, 단순한 진실!
다시, 봄!

보민이 덕분에 나도 시간을 달리 본다.
다시, 봄!

우아한 거절

"보민, 나 등이 아파서 그런데 안마 좀 해 주라."
"어, 엄마. 근데 오늘 무슨 요일이지?"
"수요일."
"어쩌지? 수요일은 우리 마사지 가게가 문 닫는 날이라."

수요일 아닌 날, 오늘은 해 주겠지 싶어 다시 부탁한다.
"보민아, 오늘은 마사지 가게 문 여는 날 맞지?"
"으응, 맞아. 근데 엄마, 어쩌지? 가게는 여는데 오늘은
내가 없는 날이라서 말이야. 미안해."

그냥 처음부터 해 주기 싫다고 말하지, 어쩜 저리
우아하게 거절하는지.
우아한 거절에 나도 우아하게 물러난다.

바늘 바람

결혼 전에는 뭐든 열심히 노력하면 대부분 원하는 게 이루어졌다. 하지만 결혼과 출산을 겪으며 내 마음대로 안 되는 일이 늘어났다. 보민이 아기 때는 젖 먹이고 재우는 일이 그랬고, 아이가 자라는 동안은 아토피로 힘들었다. 그리고 지금은 가정과 일, 두 마리 토끼를 잡느라 늘 버벅대기 일쑤다.

어느 것 하나 내 마음대로 되는 일이 없어 힘이 빠질 때, 나는 실과 바늘을 든다. 이런 날을 나는 '바늘 바람 부는 날'이라 말하고, 남편과 보민이에게 나를 가만둘 것을 부탁한다. 그리고 작은 방에 가서, 보기만 해도 기분이 좋아지는 고운 천을 골라 쓰다듬으며 달콤한 꿈을 꾼다.

'가방? 담요? 목도리? 보민이 원피스?'

고운 천이 내가 원하는 모습으로 다시 태어나는 과정은 꽤 많은 시간과 노력을 필요로 하지만, 절대 나를 배신하는 법이 없다. 정해진 치수와 방법만 지키면, 똑 떨어지는 수학 문제의 정답처럼 멋진 결과물을 안겨 준다. 가끔 실수할 때도 있지만, 그때는 뜯고 다시 처음부터 시작할 수 있다. 실수하면 다시 시작할 수 있다는 거, 한 땀, 한 땀 이어 가다 보면 결국에는 내가 꿈꾸던 곳에 도달할 수 있다는 것, 이게 참말 큰 위로가 된다.

특히나 명절을 앞두고 바늘 바람이 한 차례 지나가면, 그 바람을 따라 보민이에게도 선물이 날아든다. 그래서 설맞이 바늘 바람은 우리 보민이도 해마다 기다리는, 좋은 바람.

올해도 바람 따라 고운 설빔 한 벌 날아들었다.

설득

이층침대 사 달라고
아버지를 설득하려 쓴,
보민이의 눈물겨운 호소.

밑줄까지!

좋다 편하다
재밌다 일층에 좋다
엄청 좋다
태은이 언니가 오면 같이 놀 수 있다
영화도 볼 수 있다.

제법이다

토요일에 일하러 가면서 보민이도 데리고 갔다. 혼자서
책도 보고 그림도 그리고 잘 놀아 줘서 밀린 일, 수월하게
다 끝냈다. 제법이다, 이제.

며칠 전엔 내가 뭐라 말하는데 못 듣고 출근해 버린 아빠
등을 바라보다, 내게 와서 어깨를 토닥여 줬다.
"엄마, 아빠 쌀쌀맞지?"
제법이다, 이제.

또 다른 어떤 날은, 남편의 저녁 외출을 두고 내가
잔소리하자, 점잖게 나를 타일렀다.
"엄마, 아빠 좀 놔둬."
제법이다, 이제.

여러모로 제법인 딸님이다.

사돈 남 말

1

"아, 보민이는 거절당했을 때 감정 처리를 못 해. 툭하면 운다니까!"

뭔 말끝에 또 눈물을 뚝뚝 흘리는 보민이를 보면서 남편에게 속삭이니,

남편이 아무 말 없이 나를 손가락으로 가리킨다.

아, 사돈 남 말!

2

하는 일이 잘 안 풀려 한참 컴퓨터 앞에서 씨름하다 옆을 보니, 보민이가 딱 나랑 똑같이 다리를 꼬고 앉아 그림을 그리고 있다. '사돈 남 말'을 되새기며, '다리 꼬지 마, 자세 안 좋으면 척추 휘어진다'는 잔소리를 쓰게 삼킨다.

아, 사돈 남 말이 아니라, 엄마 남 말이다.

우리말 공부

보민이는 요새 한글을 배우는 일이 너무 재미있나 보다.
동네 동무들 이름을 다 외워 버렸고,
엄마, 아빠가 태어난 동네 이름도 이야기해 달라 한다.

말놀이도 곤잘 하는데, 이를테면

나는 전포동에서 태어나서 전을 좋아하는구나!
내가 딸이어서 딸기를 좋아하나?
걔는 아들이어서 아이스크림을 좋아하나 봐.

보민이 덕분에,
우리말이 새롭다.
새 말, 새 글이다.

사는 거 재미있어?

이번 주말에 마을에서 모내기를 한다. 그전에 풀 베어 두려고 보민이랑 같이 논에 갔다. 논둑에 서서 내가 하는 일을 가만 지켜보던 보민이가 묻는다.

"엄마! 풀 베는 거 재미있어?"

순간, 이 말이 이래 들렸다.

"엄마! 사는 거 재미있어?"

늘 지켜보고, 재밌냐 행복하냐 묻는 쪽은 나였는데, 이제 바뀌었다.
내가 재밌게 사는지, 행복하게 사는지 보민이가 보고 있다.
"어, 김보민! 억쑤로 재밌다. 니도 할래?"

모와 벼

보민이가 학교에서 선생님, 동무들과 함께
모내기를 했다.
스스로 대견해하는 모습이 기특해
같이 학교 논 구경을 갔다.

"모 잘 심었네!"

"엄마! 모라니? 벼야. 논에 심었으니까 이제 벼야!"

못 믿는 마음으로 보면 아직 모,
믿고 놓아주면 이제 벼.

보민이는 다리에 힘 딱 주고 잘 서 있는데,
나만 늘 왔다 갔다 한다.
모인가, 벼인가.

야생의 위로

보민이가 오늘 학교에서 울었다.
선생님이 귀띔해 주셔서 알았는데,
모른 척하고 별일 없었냐 물으니 없었단다.

말없이
내가 해 줄 수 없는 일을
대신 해 줄 수 있는 곳으로 데려갔다.

논 한 바퀴 돌면서,
풀숲 사이를 거닐면서,
보민이 얼굴이 점점 편해졌다.

야생의 위로.

바람과 햇살

아침마다 보민이와 우리는 옷 입는 걸 두고
옥신각신한다.

"김보민, 긴팔 입어. 요새 바람이 얼마나 찬데! 찬바람
닿으면 너 더 긁잖아."

"싫어. 낮에 놀다 보면 얼마나 더운지 알아? 반팔 입고
잠바 입을 거야."

"지금 시월이야. 무슨 시월에 반팔이야? 얇은 긴팔 입어."

"엄마, 아빠가 나도 아니면서 왜 그래? 내 옷 가지고 왜
그래?"

여기까지 말이 오가면 남편은 인상을 쓰고, 보민이는
눈물이 맺힌다. 오늘 아침도 똑같았다. 남편은 출근하면서
기어이 보민이에게 긴팔을 입혔고, 보민이는 긴소매보다 더
긴 눈물을 주룩주룩 흘리고 있다.

남편이 출근한 뒤, 풀 죽은 보민이를 보니 안쓰럽다.

보민이 말대로 자기 옷인데 자기 마음대로 입지도 못하고,
괜히 아침부터 아이를 울린 거 같아 마음이 안 좋다.

"보민아, 아빠 갔다. 그냥 니 입고 싶은 거 입고 기분 좋게
학교 가자."

내 말이 끝나자마자 보민이는 훌렁훌렁 옷을 벗어
던지더니, 반팔 티셔츠에 종아리까지 오는 멜빵바지를 입고
신이 났다.

"이제 가자, 엄마!"

보민이를 옆에 태우고 학교 가는 길, 차 창문을 내린다.
시원한 가을바람이 차 안으로 슝 들어온다. 지금은
시원하지만, '아침 열기' 하러 산에 올라가는 보민이에게는
산바람이 제법 차가울 수 있겠다. 저래 입고 가서 괜찮겠나
걱정하며 옆자리를 보는데, 가을 햇살에 보민이 얼굴이
빤들빤들 빛난다. 눈 감고 햇살을 그대로 누리는 아이를
보니 목구멍까지 올라왔던 잔소리가 쑤욱 내려간다.

쌀쌀한 가을바람, 따뜻한 가을 햇살 가운데 우리는
'바람'을 붙잡아 걱정하고, 보민이는 '햇살'을 받아 누린다.
우리 걱정 때문에 한 번밖에 없는 여덟 살 가을 햇살을 못

누려서야 되겠나.

보민이가 이겼으면 좋겠다, 햇살보다 바람을 먼저 보고 붙드는 우리를.

우리가 졌으면 좋겠다, 바람보다 햇살을 먼저 보고 달려 나가는 보민이에게.

처음 해 보는 엄마

아이를 알아 가는 그 기쁨과 버거움 사이에서

1판 1쇄 2021년 8월 25일

글쓴이 김구민
펴낸이 조재은
편집 이혜숙 김명옥 김원영 구희승
디자인 김선미 육수정
마케팅 조희정 유현재

펴낸곳 ㈜양철북출판사
등록 2001년 11월 21일 제25100-2002-380호
주소 서울시 마포구 양화로8길 17-9
전화 02-335-6407
팩스 0505-335-6408
전자우편 tindrum@tindrum.co.kr
ISBN 978-89-6372-375-4 03590
값 13,000원